25B

Eigentum
von
H. U. Klingner

Bernhard Haas · Bettina von Troschke

Beschwerdemanagement

Für
Eva und Harald
Rabea und Jerome

Bernhard Haas
Bettina von Troschke

Beschwerdemanagement

Aus Beschwerden
Verkaufserfolge machen

Bibliografische Information der Deutschen Bibliothek

Die Deutsche Bibliothek verzeichnet diese Publikation in der Deutschen Nationalbibliografie; detaillierte bibliografische Daten sind im Internet über http://dnb.d-nb.de abrufbar.

ISBN 978-3-89749-733-7

Projektleitung: Ute Flockenhaus, Fischerhude
Lektorat: Anke Schild, Hamburg
Umschlaggestaltung: +malsy Kommunikation und Gestaltung, Willich
Satz und Layout: Lohse Design, Büttelborn
Druck und Bindung: Salzland Druck, Staßfurt

© 2007 GABAL Verlag GmbH, Offenbach
Alle Rechte vorbehalten. Vervielfältigung, auch auszugsweise, nur mit schriftlicher Genehmigung des Verlages.

www.gabal-verlag.de
www.gabal-shop.de
www.gabal-ist-ueberall.de

Inhalt

Vorwort 7

1. **Beschwerdemanagement: Herausforderung der Zukunft** 9
   1.1 Die Herausforderung – Zahlen, Daten, Fakten 10
   1.2 Ziele und Aufgaben des Beschwerdemanagements 15
   1.3 Die Rolle des Kundencoach 17
   1.4 Der Nutzen von Beschwerdemanagement 21
   1.5 Erwartungen von Kunden 23

2. **Psychologie des Beschwerdemanagements** 31
   2.1 Emotionale Intelligenz und Empathie 31
   2.2 Konfliktfähigkeit 35
   2.3 Stressbewältigung 41
   2.4 Selbstvertrauen – Selbstentwicklung – Selbstmotivation 44

3. **Beschwerdegespräche in der Praxis** 47
   3.1 Stufen des Beschwerdegesprächs 47
   3.2 Exzellente Kommunikation mit NLP 63
   3.3 Fallbeispiel 71
   3.4 Aus Fehlern lernen 79

4. **Schwierige Situationen meistern** 82
   4.1 Einwände 83
   4.2 Forderung von Preisnachlässen 90
   4.3 Übertriebene Ansprüche 93
   4.4 Kundentypen 99
   4.5 Grenzen ziehen 103

Inhalt

5. Beschwerden auf allen Kanälen 108

5.1 Am Telefon 108
5.2 Per Brief 118
5.3 Per E-Mail 124
5.4 Im Internet 127

6. Beschwerden systematisch und strategisch managen 132

6.1 Beschwerden systematisch
 annehmen, bearbeiten und auswerten 133
6.2 Beschwerdemanagement optimieren –
 Beschwerden minimieren 141
6.3 Die personalpolitische Dimension 145
6.4 Instrumente zur Gesprächsvor-
 und -nachbereitung sowie zur Beschwerdeanalyse 146

7. Statt eines Nachworts 159

Literaturverzeichnis 160

Lexikon 164

Lösungsvorschläge zu den Übungen 172

Stichwortverzeichnis 173

Über die Autoren 179

Vorwort

Das Thema Kundenorientierung ist gerade in Deutschland ein Dauerbrenner. Regelmäßig findet es sich ganz vorne in den Hitparaden der Jahr für Jahr vorgenommenen Kundenumfragen.

Das Beschwerdemanagement wird dabei bislang zu wenig beachtet und gefördert, wir wollen das mit diesem Buch ändern. Denn es wird absehbar zum maßgeblichen Faktor in der Kundenorientierung. **Beschwerdemanagement = entscheidender Faktor der Kundenorientierung**

Kunden erwarten heutzutage einen professionellen Umgang mit Beschwerden, sonst sind sie weg! Der demografische Wandel und das Internet sorgen für enorme Zuwachszahlen im Fernabsatz, aber damit auch für ein steigendes Beschwerdepotenzial.

Dieses Buch richtet sich in erster Linie an Sie als Kundenberater, Manager oder Trainer, denn nur gemeinsam können Sie Beschwerdemanagement als „(Se-)Kundenkleber" zu einer einzigartigen Erfolgsstory für Ihr Unternehmen machen! **Zielgruppe dieses Buchs**

Sie erfahren zunächst anhand aktueller Daten und Fakten, warum exzellentes Beschwerdemanagement für Unternehmen überlebenswichtig ist und was es von Ihnen fordert. Emotionale Intelligenz, Konfliktlösung und Stressbewältigung sind die wichtigsten mentalen Voraussetzungen für Ihren Erfolg und Ihre innere Balance.

Der Schwerpunkt des Buchs liegt auf dem Beschwerdegespräch: Neben einem Leitfaden erhalten Sie zahlreiche einfach anwendbare und überraschend wirkungsvolle Kommunikationswerkzeuge mit konkreten Formulierungsbeispielen für die Praxis. **Schwerpunkt: Beschwerdegespräch**

Für den Umgang mit schwierigen Situationen und bestimmten Kundentypen finden Sie eine Schatztruhe mit Einwandtechniken und speziellen Hinweisen für Preisnachlass-Fragen, Extremforderungen und scheinbar ausweglose Situationen.

Ob Beschwerden am Telefon, per Brief, E-Mail oder im Internet geäußert werden, jedes Medium hat seinen Charme und seine Tücken. Trainieren Sie anhand von Positiv- wie Negativbeispielen Ihre Kompetenz „auf allen Kanälen".

Abschließend finden Sie Antworten auf die Frage: Wie nutzen wir die wertvollen Informationen, die wir durch Beschwerden erhalten, systematisch und strategisch für die Zukunft?

Setzen Sie darauf, dass Ihr erfolgreiches Beschwerdemanagement nicht nur heute Ihre Kunden zufriedenstellt, bindet oder zurückgewinnt, sondern morgen möglicherweise Ihr Alleinstellungsmerkmal wird, mit dem Sie sich und auch Ihr Unternehmen wohltuend vom Wettbewerb abheben!

Bedanken möchten wir uns an dieser Stelle bei allen Teilnehmerinnen und Teilnehmern unserer Seminare und bei unseren Kunden, die diesem Buch viel Inspiration und Praxisnähe gegeben haben, für ihre wertvollen Anregungen.

Viel Spaß beim Lesen und Erfolg bei der Umsetzung wünschen Ihnen

Bernhard Haas und Bettina von Troschke

1. Beschwerdemanagement: Herausforderung der Zukunft

„Der Kunde steht im Mittelpunkt." – „Bei uns ist der Kunde König." – „Wir haben verstanden." Sind diese uns wohlbekannten Behauptungen Versprechen, Marketingparolen oder Klischees? Sind sie mehr als eine Mode der Unternehmensberater oder eine neue Geschäftsidee der Hard- und Softwarelieferanten?

Tatsache ist: Beschwerden sind ein Ärgernis für jedes Unternehmen. Keine Frage. Sie verursachen viel zusätzliche Arbeit und zeigen darüber hinaus die firmeninternen Unzulänglichkeiten auf. Aber Beschwerden sind meistens weder gottgewollt noch Teufelswerk, sondern etwas ganz Normales im Alltag eines Unternehmens. Entscheidend ist, wie man mit ihnen umgeht, um letztlich zu einer Reduzierung der Beschwerden und Beschwerdegründe zu kommen. So kann jede Beschwerde eine im wahrsten Sinne des Wortes einmalige Chance sein, die uns der Kunde gibt, ihn zu halten.

Beschwerden sind normal

Das sollte sich eigentlich längst überall herumgesprochen haben. Doch wie oft sind wir selbst als Kunden mehr als verwirrt über die Art und Weise, wie unsere berechtigten Fragen beantwortet werden. Besetzte Telefonleitungen, Computerstimmen, Endlos-Warteschleifen, mehrmaliges Weiterverbinden und falsche Ansprechpartner gehören zum Alltag und vergeuden unsere wertvolle Zeit.

Viele Firmen sind sich oft keiner Schuld bewusst, wenn sie die Zeit und die Nervenkraft ihrer Kunden vergeuden, Kundenbeziehungen ruinieren und Kundenwünsche ignorieren. Manchmal ist man geneigt, von Kundenmobbing zu sprechen. Erstklassiger Kunden-

Kundenservice als „Kundenkleber"

service und gelebte Kundenorientierung könnten demgegenüber der Schlüssel für mehr Umsatz, Produktverbesserungen und Wettbewerbsvorteile sein. Das Callcenter innerhalb des Beschwerdemanagements ist die Visitenkarte des Unternehmens. Hier entsteht oft der Erstkontakt, hier werden die Weichen gestellt, hier schlägt „die Stunde der Wahrheit": Herausforderung der Zukunft und Kundenkleber zugleich.

> Kunden finden ist leicht, Kunden halten ist die wahre Kunst.

1.1 Die Herausforderung – Zahlen, Daten, Fakten

Wenn heute Schlagzeilen wie „Baumax schlägt VfB Stuttgart" in der Presse zu lesen sind, dann reibt man sich verwundert die Augen. Welche Mannschaft bitte schön ist denn Baumax? Gar keine. In dem Artikel geht es vielmehr um die Verleihung des Customer Relation Management (CRM) Best Practice Award, der 2006 in der Kategorie Business to Consumer (B2C) für ein besonders gelungenes Projekt im Kundenbeziehungsmanagement an die österreichische Baumarktkette Baumax vergeben wurde, während der VfB Stuttgart in der gleichen Kategorie den zweiten Platz belegte.

Solche Nachrichten machen deutlich, dass das Kundenbeziehungsmanagement und damit auch das Beschwerdemanagement, beginnend bei kleinen und mittelständischen Unternehmen (KMU) – wie eben auch einer Fußballmannschaft – bis hin zu einem Konzern mit Niederlassungen in aller Welt, zunehmend an Bedeutung gewinnt.

Dies spürt auch ein großes deutsches Unternehmen der Telekommunikationstechnik. Wenn es mehr als zwei Millionen Kunden pro Jahr verliert (andere wären froh, wenn sie so viele hätten), dann liegt dies nicht nur an den Preisen. Das spiegeln auch Meldungen wider, wonach das Unternehmen 50.000 Mitarbeiter in neu zu gründenden Service-GmbHs auslagern möchte, um unter anderem die Servicequalität zu steigern.

Die größten Überlebenschancen haben heute diejenigen Unternehmen, die angesichts immer ähnlicher werdender Produkte und Leistungen einen exzellenten Kundenservice aufgebaut haben oder in der Lage sind, ihn relativ rasch aufzubauen.

Exzellenter Kundenservice bedeutet größere Überlebenschance

Das Motto der Zukunft ist Service! Moderner formuliert: The Name of the Game is Service! Manche sehen im Beschwerdemanagement noch immer einen Kostenfaktor statt einen Erfolgsfaktor. Dabei ist es die beste Marketingstrategie, Kunden langfristig zu binden. Nach und nach scheint dies bei den Unternehmen anzukommen. Dem „Kundenmonitor Deutschland 2006" zufolge, einer umfassenden Langzeitstudie zur Kundenorientierung, konstatieren die Verbraucher in Deutschland neuerdings eine Verbesserung des Serviceniveaus. (Kundenmonitor Deutschland 2006)

Service wird besser

Gleichzeitig ist die Frustrationstoleranz der Deutschen gegenüber schlechtem Kundenservice relativ gering, wie eine aktuelle Studie der RightNow Technologies (Lieferant von integrierten Lösungen für „Kundenerlebnisse") feststellt. Demnach würden fast 70 Prozent der Deutschen lieber etwas Lästiges in Kauf nehmen, wie das Putzen ihres Bads, einen Zahnarztbesuch oder eine Autopanne, als mit schlechtem Service konfrontiert zu werden. (RightNow-Studie, 2006)

Ohne Service keine Kundentreue

Beide Studien bestätigen die Tendenz, dass ein professioneller Service über Kundentreue und Weiterempfehlungen entscheidet.

Viele Kunden kaufen ihre Computer oder Digitalkameras mittlerweile nicht mehr in Großmärkten oder beim Discounter, weil diese das Serviceproblem nur unzureichend gelöst haben. Ist der PC nämlich mal defekt, müssen sie selbst bei einem gut funktionierenden Abholservice einige Tage auf ihn verzichten. Sie kaufen technische Geräte deshalb dort, wo sie die bessere Beratung und den besseren Service geboten bekommen, selbst dann, wenn es dadurch ein wenig teurer wird.

1. Beschwerdemanagement: Herausforderung der Zukunft

Erwartungen steigen ebenfalls

Während der Service vielerorts durchaus besser wurde, stiegen zeitgleich auch die Erwartungen des Verbrauchers, der auf schlechten Service immer allergischer reagiert. Die Kundenbindung sinkt und das Umsatzpotenzial bestehender Kundenbeziehungen wird nur unzureichend ausgeschöpft. Zwar organisieren mittlerweile immer mehr Unternehmen ihre Kundenbeziehungen mittels CRM-Software, zum Beschwerdemanagement nutzen sie diese Systeme jedoch eher selten.

Viele Fach- und Führungskräfte machen negative interne Prozesse dafür verantwortlich, dass Kunden auch mit CRM nicht optimal betreut werden. Die strategische Bedeutung von Beschwerden ist, wie eine gemeinsame Studie der Universität Dortmund und des IT-Unternehmens Materna ergab, noch nicht hinlänglich erkannt. Indessen glauben über 90 Prozent der befragten Unternehmensvertreter, dass diese Bedeutung zunehmen wird. (Innovations report, 2005)

Beschwerdemanagement spart Kosten

Die Motivation, in das Beschwerdemanagement zu investieren, liegt in der Steigerung der Kundenzufriedenheit. Aufgrund von Beschwerden lassen sich zudem Produktionsfehler rechtzeitig erkennen und damit teure Rückrufaktionen und hohe Kosten aus der Produkthaftung vermeiden.

Viel zu oft wird freilich über eine CRM-IT-Lösung und nicht genug über die Inhalte eines anspruchsvollen Kundenbeziehungsmanagements nachgedacht.

> **Beschwerdemanagement beginnt in den Köpfen der Mitarbeiter und nicht im Computer.**

Kunden sind Multiplikatoren

Nicht alle Kunden sind gleich und auch nicht alle Kunden sind gleich wichtig, dennoch ist jeder ein potenzieller Multiplikator. Unzufriedene Kunden erzählen sieben bis neun weiteren Personen von ihren negativen Erlebnissen, während die positiven Erlebnisse höchstens drei- bis viermal kommuniziert werden.

1.1 Die Herausforderung – Zahlen, Daten, Fakten

Stellen Sie sich vor, Sie haben pro Tag ca. 60 aktive Kundenkontakte, davon 45 per Telefon, fünf per E-Mail, drei per Fax und sieben per Brief. Alle sind, nehmen wir an, positiv, sodass bis zu vier andere auch davon erfahren. Dann ergibt dies schon 240 positive Meldungen an einem einzigen Tag. Bei 200 Arbeitstagen im Jahr sind das 48.000 positive Meinungen über Ihr Unternehmen. So füllen Sie schnell ein ganzes Fußballstadion mit potenziellen Kunden. Wenn Sie diese Zahl mit der Anzahl der Kollegen multiplizieren, die in Ihrem Unternehmen Kundenkontakt haben, füllen Sie sehr schnell alle bedeutenden europäischen Fußballstadien. Wenn das kein preiswertes Marketing für Ihr Unternehmen ist!

Kundenkontakt als preiswertes Marketing

Abb. 1: Multiplikatoren

Noch schneller, nämlich ungefähr doppelt so schnell, können Sie die Fußballstadien mit Kunden füllen, die durch negative Reaktionen auf eine Beschwerde vertrieben werden.

Hand aufs Herz, gibt es wirklich eine ernst zu nehmende Alternative zum professionellen Beschwerdemanagement?

Tatsache ist übrigens, dass die Mehrzahl derer, die Anlass zu Beschwerden hätten, sich nicht meldet, sondern stillschweigend zu einem anderen Anbieter geht. Man nennt dies oft „Abstimmung mit

Beschwerden sind Chancen

1. Beschwerdemanagement: Herausforderung der Zukunft

den Füßen". Diejenigen, die sich beschweren, geben dem Unternehmen immerhin noch eine Chance, den Fehler wieder „auszubügeln" und somit den Kunden zu halten.

Der Faktor Kundenzufriedenheit kann gar nicht überschätzt werden: Die Korrelation zwischen Kundenzufriedenheit und Gewinn ist offensichtlich; mit zunehmender Kundenzufriedenheit beziehungsweise -loyalität steigt auch der Gewinn.

Die Akquisition neuer Kunden ist heute fünfmal teurer als die fortgesetzte Bindung vorhandener Kunden. Vor allem ein proaktives Beschwerdemanagement ist entscheidend für die Kundenzufriedenheit und -treue. Das Beschwerdemanagement sollte als eine ganzheitliche Aufgabe verstanden und angegangen werden.

„Beschwerde" und „Reklamation"

Im Alltag wird häufig zwischen den Begriffen „Beschwerde" und „Reklamation" nicht sauber unterschieden. Zum besseren Verständnis ist es aber sinnvoll, eine solche Differenzierung vorzunehmen, zumal es unterschiedliche juristische Deutungen und Konsequenzen gibt.

Beschwerden sind „Artikulationen von Unzufriedenheit, die gegenüber Unternehmen oder auch Drittinstitutionen mit dem Zweck geäußert werden, auf ein subjektiv als schädigend empfundenes Verhalten eines Anbieters aufmerksam zu machen, Wiedergutmachung für erlittene Beeinträchtigung zu erreichen und/oder eine Änderung des kritisierten Verhaltens zu erreichen" (Stauss; Seidel, 2002, 47).

Reklamation bezeichnet „die Teilmenge von Beschwerden, in denen Kunden in der Nachkaufphase Beanstandungen an Produkt oder Dienstleistung explizit oder implizit mit einer rechtlichen Forderung verbinden, die gegebenenfalls juristisch durchgesetzt werden kann" (ebd., 48).

Wir werden im Folgenden von Beschwerdemanagement sprechen, da die Reklamation als „Teilmenge" der Beschwerde automatisch mitbehandelt ist.

1.2 Ziele und Aufgaben des Beschwerdemanagements

Hauptziele des Beschwerdemanagements sind: **Hauptziele**
1. die Wettbewerbsfähigkeit des Unternehmens zu erhalten und auszubauen,
2. die Kundenzufriedenheit zu verbessern beziehungsweise auf hohem Niveau zu sichern und
3. Hinweise auf betriebliche Schwächen als proaktives Qualitätsmanagement zu nutzen.

Dies scheint selbstverständlich zu sein, sind doch die genannten Ziele Basis und Voraussetzung für den angestrebten Gewinn.

Aus den genannten Hauptzielen lassen sich mehrere Teilziele ableiten. **Teilziele**

Teilziele können sein:
- Intensivierung der Kundenbeziehung (Kundenbindung)
- Erhöhung der Kundenzufriedenheit
- Erkennen von Kundenbedürfnissen
- Rückgewinnung verlorener Kunden
- Wiederholungskäufe, Mehrkäufe
- Verhinderung teurer Rückhol- und Tauschaktionen
- Vermeidung weiterer Produktfehler
- Qualitätsverbesserungen
- Erreichung von Total-Quality-Management (TQM)
- Verbesserung der Unternehmensprozesse
- Minimierung neuer Beschwerden
- Erkenntnis von Trends und zukünftigen Bedürfnissen

Beschwerdemanagement ist somit neben einem Kundenbindungs- und Qualitätssicherungsinstrument auch ein Quell für Innovationen.

Erfolg unserer Kunden = unser Erfolg!

1. Beschwerdemanagement: Herausforderung der Zukunft

Übung 1: Priorisieren Sie bitte folgende zehn Teilziele für Ihr Unternehmen

Das wichtigste Teilziel erhält Priorität 1, das unwichtigste 10.

Teilziel	Rangfolge
Stabilisierung und Intensivierung der Kundenbeziehung	
Erhöhung der Kundenzufriedenheit	
Erkennen von Kundenbedürfnissen	
Rückgewinnung verlorener Kunden	
Wiederholungskäufe, Mehrkäufe und Cross-Buying	
Verhinderung teurer Rückhol- und Tauschaktionen	
Vermeidung weiterer Produktfehler	
Qualitätsverbesserungen	
Erreichung von TQM	
Verbesserung der Unternehmensprozesse	

Unabhängig von der Rangfolge können Sie diese Ziele nur erreichen, wenn Sie zuvor eine Reihe wichtiger Aufgaben erfüllen.

Aufgaben Die wesentlichen Aufgaben im Beschwerdemanagement sind:

- Aufbau eines effektiven Kommunikationsmanagements (Hard- und Software, wie Telefon, Fax, Brief, E-Mail, Internet, Chats, Blogs, Foren)
- Beschwerdeerhebung
- Beschwerdedefinition/Klassifizierung
- Beschwerdestimulierung
- Beschwerdeannahme
- Klärung der Verantwortlichkeiten
- Beschwerdeerfassung
- Beschwerdebearbeitung

- Beschwerdereaktion
- Beschwerdeauswertung/Dokumentation
- Beschwerdenachbereitung/Controlling
- Beschwerdeoptimierung

Eine ausführliche Erklärung und Bewertung der einzelnen Aufgaben finden Sie in Kapitel 6. Alle genannten Aufgaben sind wichtig und werden in genau dieser Reihenfolge in den Unternehmen umgesetzt. Der Wert eines Beschwerdemanagementsystems liegt aber nicht in der Existenz unzähliger Berichte oder Reports, sondern in der Nutzung und Umsetzung der darin enthaltenen Informationen.

1.3 Die Rolle des Kundencoach

Wenn Beschwerdemanagement als Kundenbindungsinstrument genutzt werden soll, dann müssen die Mitarbeiter mehr können, als nur die klassischen Fragen zu stellen: „Was kann ich für Sie tun?" oder „Womit kann ich Ihnen helfen?" Der Anrufer merkt nämlich sehr schnell, ob mehr als warme Luft hinter den eingeübten Worten steckt.

Bei entsprechend professionellem Beschwerdemanagement sind die Kundenbetreuer keine Beschwerdemanager, sondern Kundencoachs. Das Kundencoaching kann sowohl als spezifische Funktion im Beschwerdemanagement als auch als zusätzliche Funktion in der Beratung (Vor- und Nach-Verkaufsphase) aufgefasst und umgesetzt werden.

Kundencoach statt Beschwerdemanager

In jedem Fall ist der Kundencoach der verantwortliche Ansprechpartner bei Beschwerden und kümmert sich um die Zufriedenheit des Kunden.

Um als Kundencoach im Beschwerdemanagement erfolgreich zu sein, muss man die Menschen mögen, trotz oder wegen all ihrer Unzulänglichkeiten. Dies setzt ein positives Menschenbild voraus.

Positives Menschenbild

1. Beschwerdemanagement: Herausforderung der Zukunft

> Nur wenn man Menschen wirklich mag, sollte man Kundencoach werden.

Doch das allein genügt noch nicht. Die Aufgaben des Kundencoach erfordern ein spezielles Kundenbetreuungs-Know-how für den professionellen persönlichen, telefonischen oder schriftlichen Umgang mit Kunden.

Dazu gehören:
- emotionale Intelligenz
- mentale Flexibilität
- Hilfsbereitschaft
- Konfliktfähigkeit
- spezifische Techniken der Gesprächsführung
- Argumentationsmethoden
- Techniken der Einwandbehandlung
- Sicherheit bei Vereinbarungen
- Kreativität beim Schreiben von Briefen oder E-Mails
- Kenntnisse über firmeninterne Prozesse und Abläufe, insbesondere über Zusammenhänge
- Produktkenntnisse
- Problemlösungskompetenz
- Fähigkeit zum Selbstmanagement
- Handlungskompetenz

Übung 2: Notieren Sie drei Fähigkeiten, die Sie mithilfe dieses Buchs verbessern wollen:

1. _____

2. _____

3. _____

Die schriftliche Fixierung hilft Ihnen, diese Fähigkeiten im Auge zu behalten!

1.3 Die Rolle des Kundencoach

Wer als Kundencoach erfolgreich sein will, sollte sich selbst gut managen und täglich besser werden wollen, um neben den berechtigten Unternehmensinteressen wie Umsatz, Gewinn und Kostenreduzierung den Kunden und den Kundennutzen in den Mittelpunkt seines Handelns zu stellen. Von einem guten Kundencoach wird in der Tat viel verlangt, aber mit entsprechender Qualifikation und permanentem Training (vgl. Kapitel 3–5) kann er der berühmten „Eier legenden Wollmilchsau" schon sehr nahekommen.

Abb. 2: Und es gibt ihn doch, den idealen Kundencoach!

Der Kundencoach weiß, dass Kundenbeziehungen oft persönliche Beziehungen sind. Er sollte sich auf den Kunden einstellen können und ihn gezielt auf seiner persönlichen Ebene ansprechen. Es sind nicht die Produkte, sondern Menschen, die die Kunden binden, vor allem dann, wenn die Produkte und Dienstleistungen austauschbar sind.

Wichtig: persönliche Beziehungen

Ein Kundencoach sollte auch Freiräume, Handlungs- und Entscheidungskompetenzen besitzen und gegebenenfalls von vorgegebenen Standards abweichen dürfen, um dadurch schneller eine befriedigende Lösung herbeiführen zu können.

1. Beschwerdemanagement: Herausforderung der Zukunft

Die Vorgesetzten können die Bereitschaft der Mitarbeiter, als Kundencoach im Beschwerdemanagement zu arbeiten, dadurch fördern, dass sie den tagtäglichen Stress, Frust und die Überlastungen durch Pausen, Zuwendung, Stressabbau und durch hochqualifizierte Aus- und Weiterbildung abfedern.

Nutzen Sie folgenden Selbstcheck, um die Situation in Ihrem Unternehmen zu überprüfen:

Selbstcheck: Kundencoach

Der Nutzen für das Unternehmen und den Kunden	erfüllt ja	nein
Erhalten der Wettbewerbsfähigkeit	☐	☐
Verbesserung der Kundenzufriedenheit	☐	☐
Ermittlung produktbezogener Schwächen	☐	☐
Ermittlung prozessbezogener Schwächen	☐	☐
Proaktives Qualitätsmanagement	☐	☐
Innovationsmanagement	☐	☐
Ein Ansprechpartner nach innen und außen	☐	☐
Bündelung aller Informationen	☐	☐
Informationsabgleich/Informationskongruenz	☐	☐
Geklärte Verantwortlichkeiten	☐	☐
Schnelle Erreichbarkeit	☐	☐
Zügige Bearbeitung	☐	☐
Sichere Arbeitsplätze	☐	☐

1.4 Der Nutzen von Beschwerdemanagement

Der größte Nutzen eines firmenweiten Beschwerdemanagements liegt im Erhalten der Wettbewerbsfähigkeit, der Fähigkeit, die Kundenzufriedenheit sicherzustellen und zu verbessern und die in Beschwerden enthaltenen Hinweise auf produktbezogene oder betriebliche Schwächen für ein proaktives Qualitätsmanagement zu nutzen. Es sind damit gleich mehrere unternehmerische und finanzwirtschaftlich bedeutsame Erfolgsfaktoren im Spiel, die über Sein oder Nichtsein eines Unternehmen entscheiden können.

Wettbewerbsfähigkeit

Wo sonst ist ein Unternehmen so nahe am Kunden und kann zu dessen Zufriedenheit ein Maximum beisteuern wie im Beschwerdemanagement? Wie die Abbildung 3 zeigt, wird aus professioneller Beschwerdebearbeitung leicht ein Kundenbindungsprogramm.

Kundenbindung

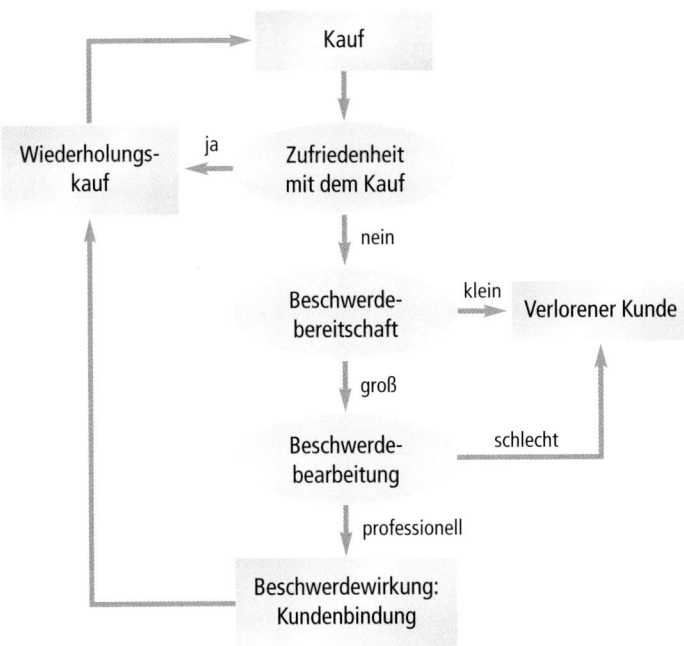

Abb. 3: Beschwerdemanagement als Kundenbindungsprogramm

1. Beschwerdemanagement: Herausforderung der Zukunft

Innovations- Wenn die Beschwerden, Reklamationen, Kundenwünsche, Hinweise
management und Anregungen darüber hinaus protokolliert, analysiert und ausgewertet werden(vgl. dazu auch Kapitel 6), dann besitzt das Unternehmen einen „Schatz" an Informationen, der für ein Innovationsmanagement gehoben werden kann. Wird diese Chance nicht genutzt, so gehen nicht nur Kunden verloren, sondern oft auch Arbeitsplätze (siehe Abbildung 4). Und die fehlenden, aber notwendigen Daten sind dann zudem kostenintensiv durch Kundenbefragungen und Marktanalysen zu erheben. Verprellte Kunden verspüren nur noch wenig Lust, Fragebögen auszufüllen, sie sind zwischenzeitlich längst zur Konkurrenz übergewechselt.

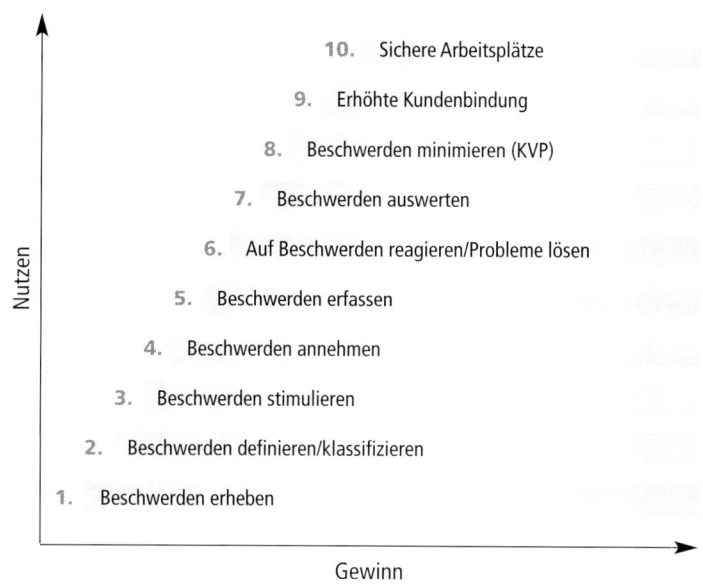

Abb. 4: Zehn Stufen zum sicheren Arbeitsplatz

> Die Frage ist nicht, ob wir es uns leisten können, ein Beschwerdemanagement zu haben, sondern ob wir es uns leisten können, es nicht zu haben.

1.5 Erwartungen von Kunden

Die Erwartungen von Kunden sind sehr unterschiedlich und vielfältig. Kunden sind nämlich ganz und gar nicht gleich. Sie unterscheiden sich aber nicht nur durch ihre Sozialisation und ihren kulturellen Hintergrund, selbst auf einem regionalen Markt gibt es erhebliche Unterschiede. Die einen erwerben ihre Lebensmittel lieber im Bioladen, die anderen beim Discounter, wieder andere im Tante-Emma-Laden. Die einen kaufen im Internet, die anderen im Fachgeschäft oder mittels Katalog. Dies hat zur Folge, dass die Unternehmen weniger einen Kampf gegen Wettbewerber führen, sondern eher einen Kampf um die Aufmerksamkeit der Kunden.

Kampf um Aufmerksamkeit

In den folgenden Abschnitten geht es um die beiden Fragen, was ein Kunde ist und was er im Beschwerdefall will.

Was ist ein Kunde?

Professor Kurt Nagel ist der Überzeugung, dass ein Kunde kein Außenstehender ist, „sondern ein lebendiger Teil unseres Geschäftes. Wir tun ihm keinen Gefallen, indem wir ihn bedienen, sondern er tut uns einen Gefallen, wenn er uns die Gelegenheit gibt, es zu tun" (Nagel, 1995, 33). Der Konsumforscher Professor Markus Giesler beschreibt den Kunden so: „... er ist ein heteromorphes Wesen – ständig im Wandel begriffen. Dank immer neuer Technologien wird er nicht nur gläserner, sondern ist auch in der Lage, permanent seine Position am Markt zu verändern. Er ist schneller und intelligenter als je zuvor." (BDV, 2005)

Matthias Horx, Trend- und Konsumforscher, stellt fest, dass Deutschland in seiner Dienstleistungskultur vor einem Paradigmenwechsel steht. „Es gibt einen Wechsel vom Konsumenten zum ‚Prosumenten', einem Käufertyp, der seiner Umwelt sehr fordernd und hochkompetent gegenübersteht." (Zit. nach: Hanser, 2006)

Ein neuer Kundentyp

Die eine Frage lautet also: Was macht den neuen Kunden aus? Ist er nun schnell und intelligent, fordernd und hochkompetent? Die andere Frage ist: Sind wir als Unternehmen und ist unser Personal im Beschwerdemanagement auf den neuen Kundentyp vorbereitet?

1. Beschwerdemanagement: Herausforderung der Zukunft

Checkliste: Strategisches Beschwerdemanagement

Kunden – Kundenorientierung – Kundenbindung

1. Welche Kunden haben Sie?

2. Welche Kunden kommen wieder?

3. Womit können Sie Ihre Kunden begeistern?

4. Welche Kundengruppe macht den meisten Umsatz?

5. Welche den geringsten?

6. Von welcher Kundengruppe kommen die meisten Beschwerden?

7. Welche Kunden müssen unbedingt gehalten werden?

8. Wo können Sie Ihre Position im Markt noch ausbauen?

9. Gibt es Kundengruppen, die zu hohe Kosten verursachen? Welche sind es?

10. Wie wird sich die wirtschaftliche Situation Ihrer Kunden in Zukunft weiterentwickeln?

11. Was unternehmen Sie, um Ihre Kunden und deren Wünsche kennenzulernen?

1.5 Erwartungen von Kunden

12. Wie messen Sie den Effekt Ihrer Bemühungen um Kunden?

13. Welche fachlichen Kompetenzen müssen alle Mitarbeiter mit Kundenkontakt besitzen?

14. Wer besitzt diese Kompetenzen?

15. Sind alle Mitarbeiter mit Kundenkontakt stets freundlich, wertschätzend und hilfsbereit?

16. Wie wird Flexibilität im Umgang mit Kundenwünschen gewährleistet?

17. Welche Zeitspannen werden zur Erledigung von Beschwerden benötigt, welche Fristen sind wünschenswert?

18. Wie erreichen Sie es, dass Kunden Wertschätzung erfahren?

19. Wie vermitteln Sie Glaubwürdigkeit und Vertrauen?

20. Wie überbrücken Sie Wartezeiten am Telefon für den Kunden?

21. Wie und auf welchen Kommunikationskanälen nehmen Sie Beschwerden entgegen?

22. Welchen Nutzen und welche Vorteile genießt Ihr Kunde,
    a) wenn er Ihr Kunde wird?

1. Beschwerdemanagement: Herausforderung der Zukunft

b) wenn er Ihr Kunde bleibt?

23. Welches sind Ihre momentan größten Schwachstellen im Beschwerdemanagement?

1.

2.

3.

Vielleicht gewinnen Sie schon beim Ausfüllen der Checkliste wesentlich mehr Klarheit, sodass Ihnen wichtige Ansatzpunkte für eine Verbesserung deutlich werden.

Beschwerdemanagement als USP Wenn Sie möchten, dass Ihr Unternehmen unverwechselbar wird, dann geben Sie Ihren Kunden stets das Gefühl, bei Ihnen etwas Besonderes zu bekommen, zu erleben oder zu erfahren. Machen Sie aus Ihrem Beschwerdemanagement ein USP (= Unique Selling Propositon, Alleinstellungsmerkmal) und bereiten Sie Ihr Personal auf den neuen Kundentyp vor.

Was will ein Kunde im Beschwerdefall?

1. Kunden wollen sich nicht beschweren, sie wollen sich erleichtern.

Bloß nicht dreimal verbinden Tun Sie alles für eine schnelle, unkomplizierte Lösung des Problems. Nehmen Sie dem Kunden die „Last" ab, bürden Sie ihm keinen Buchbinder-Wanniger-Effekt auf. Je öfter er sein Problem vortragen muss, desto mehr dreht er sich in der Frustspirale nach unten. Gemäß dem Motto „Simplify your life" vereinfachen Sie das Prozedere für Ihre Kunden durch Erhöhung Ihrer eigenen Entscheidungsbefugnisse und Fachkompetenz.

1.5 Erwartungen von Kunden

Abb. 5: Buchbinder-Wanninger-Effekt

Beispiel:
„Mein Name ist ..., ich bin Ihr Ansprechpartner für ..., ich möchte Ihnen schnell weiterhelfen ..." Und am Ende: *„Wenn irgendetwas ist, wenden Sie sich direkt an mich ..."* – Namen wiederholen und Telefonnummer (Durchwahl) nennen.

2. Kunden wollen emotional ernst genommen werden.
Die meisten Kunden sind keine notorischen Nörgler, die einem das Leben schwer machen wollen, sondern sie sind – oft zu Recht – unzufrieden bis ärgerlich. Zudem verursacht diese Situation noch zusätzlichen Stress bei solchen Kunden, die eher harmoniebedürftig sind und die es daher bereits einige Überwindung kostet, den Ärger auch zu äußern. Schon Ihre erste Reaktion zeigt dem Kunden, ob er als lästig empfunden oder wirklich ernst genommen wird.

Der erste Eindruck zählt

Tipp: Nutzen Sie Aussagen wie „Kann ich gut nachvollziehen ... wenn ich an Ihrer Stelle wäre, würde ich mich wahrscheinlich auch ärgern ... jetzt sehen wir zu, dass Sie die Ware so schnell wie möglich umgetauscht bekommen."

3. Kunden wollen wertschätzend und freundlich behandelt werden.
Freundlichkeit kann man nicht verordnen, es ist eine Einstellungsfrage. Im doppelten Sinne: Der Kundencoach braucht eine zugewandte, aufmerksame Einstellung für den Kunden; und bei der

Eine Einstellungsfrage

1. Beschwerdemanagement: Herausforderung der Zukunft

Auswahl der Mitarbeiter im Beschwerdemanagement ist Freundlichkeit eines der wichtigsten Einstellungskriterien. Wer den Job mit der Grundüberzeugung antritt: „Ich bin doch nicht der Fußabtreter der Nation" oder mit der „Leidenshaltung": „Ich bin derjenige, an dem jeder seinen Frust ablassen kann", wird darin unglücklich.

Tipp: Fragen Sie sich selbst, wie es mit Ihrer Einstellung aussieht, und erklären Sie als Führungskraft Ihren Mitarbeitern, warum ihre Einstellung so entscheidend ist.

4. Kunden wollen eine schnelle und effektive Lösung.

Nicht lange fackeln

Wahres Können zeigen Sie, wenn Sie nach der Beschreibung des Problems so präzise Fragen stellen, dass eine schnelle Diagnose möglich ist. Statt lange schwafeln: Fragen staffeln, Alternativen sortieren, Lösungen anbieten!

Tipp: Arbeiten Sie mit Checklisten oder erstellen Sie im Team einen logisch aufgebauten Leitfaden (vgl. Kapitel 6.4) mit zielführenden, lösungsorientierten Fragen.

5. Kunden freuen sich über ein „Trostpflaster" für ihren Ärger.

Kleine Geschenke … Sie wissen schon

Es sind die kleinen Aufmerksamkeiten, ein interessantes und aktuelles Magazin, eine Tafel Schokolade mit der Austauschlieferung, ein „Glückslos", eine kleine Gutschrift oder Rabatt bei der nächsten Bestellung, die den Kunden den Zeitverlust und Ärger vergessen lassen.

Tipp: Sagen Sie Ihrem Kunden am Ende, Sie würden ihm gern eine kleine Freude machen. Wenn Sie verschiedene Give-aways zur Wahl haben, fragen Sie den Kunden nach seinen Vorlieben oder kündigen Sie einfach nur „eine kleine Überraschung" zusätzlich zur Ware an.

6. Kunden wollen wiederkommen.

Loyality is the by-product of ‚getting everything else right'

Das übergroße Angebot von Dienstleistungen führt zur Qual der Wahl. Wenn Kunden einen insgesamt guten Dienstleister gefunden haben und eine Beschwerde zufriedenstellend gelöst wurde, steigt ihre Bereitschaft, wiederzukommen. Das ist auf die Macht der Gewohnheit, unsere Bequemlichkeit und das Vertrauen in den

1.5 Erwartungen von Kunden

Dienstleister zurückzuführen. Die in die Beschwerde investierte Zeit und Energie binden, so paradox das klingen mag. Deshalb freuen Sie sich über jeden nach einer Beschwerde zufriedengestellten Kunden und fragen Sie ihn nach Feedback.

Tipp: Fragen Sie Ihre Kunden am Ende: „Nachdem wir nun alles geregelt haben, habe ich noch eine Frage an Sie: Wie zufrieden sind Sie jetzt nach diesem Gespräch?" Als Kunde wartet man selten in der Warteschleife, um noch anschließend an das Gespräch ein Zufriedenheitsbarometer auszufüllen, denn es kostet Zeit, kommt dem Kunden nur indirekt zugute und manche verbinden damit auch das negative Gefühl des „Petzens". Aber ein direktes Feedback hätte man oft auf den Lippen, wenn man denn gefragt würde.

Beispiel:
„Ehrlich gesagt war ich am Anfang ziemlich sauer, weil ich so lange warten musste, aber nachdem die Software jetzt wieder funktioniert, bin ich froh. Es wäre allerdings ganz gut, wenn in der Bedienungsanleitung an der Stelle xy etwas dazu dringestanden hätte ..." Ihre Reaktion: für Hinweis bedanken und intern weitergeben.

Die Firma Dell Computer behauptet, dass ihre Produktentwicklung im Wesentlichen von dem lebt, was im Callcenter an Beschwerden aufläuft.

Erfolgreiche Beschwerdegespräche bestehen in der Anwendung der hohen Kunst der emotionalen Intelligenz und kommunikativen Kompetenz.

Verlorene Zähne
Ein Sultan hatte geträumt, er verliere alle Zähne. Gleich nach dem Erwachen fragte er einen Traumdeuter nach dem Sinn des Traumes. „Ach, welch ein Unglück, Herr!," rief dieser aus. „Jeder verlorene Zahn bedeutet den Verlust eines deiner Angehörigen!" – „Was, du frecher Kerl", schrie ihn der Sultan wütend an, „was wagst du mir zu sagen? Fort mit dir!" Und er gab den Befehl: „50 Stockschläge für diesen Unverschämten!"

1. Beschwerdemanagement: Herausforderung der Zukunft

Ein anderer Traumdeuter wurde gerufen und vor den Sultan geführt. Als er den Traum erfahren hatte, rief er: „Welch ein Glück! Welch ein großes Glück! Unser Herr wird alle die Seinen überleben!" Da heiterte sich des Sultans Gesicht auf, und er sagte: „Ich danke dir, mein Freund. Gehe sogleich mit meinem Schatzmeister und lasse dir von ihm 50 Goldstücke geben."
Auf dem Weg sagte der Schatzmeister zu ihm: „Du hast den Traum des Sultans doch nicht anders gedeutet als der erste Traumdeuter!" Mit schlauem Lächeln erwiderte der kluge Mann: „Merke dir, man kann vieles sagen; es kommt nur darauf an, wie man es sagt!"
(Lasko, 1996, S.144)

Qualität ist, wenn der Kunde zurückkommt und nicht das Produkt!

Meine Erkenntnisse in diesem Kapitel:

_____

_____

_____

Was kann ich tun, um diese Erkenntnisse für mich und mein Unternehmen nutzbar zu machen?

_____

_____

_____

_____

2. Psychologie des Beschwerdemanagements

Durch die moderne Gehirnforschung wissen wir, dass unsere emotionalen Bedürfnisse dem rationalen Denken erst eine Richtung geben. Diese Aufteilung in Emotionalität und Rationalität entspricht dem bekannten Gegensatzpaar von Herz und Verstand. Die meisten unserer Entscheidungen fallen unbewusst und werden erst nachträglich vom Verstand gerechtfertigt, das heißt rational erklärt (siehe auch Kapitel 3.1).

Optimal handlungsfähig sind wir dann, wenn wir Verstand und Gefühle zusammenführen. Können bei einem ersten Kaufabschluss noch überwiegend Sachargumente ausschlaggebend gewesen sein, so gewinnt mit zunehmender Dauer des Geschäftsverhältnisses – und hier im Besonderen beim Beschwerdemanagement – die Beziehungsebene an Gewicht.

Beziehungsebene langfristig immer wichtiger

Die im Beschwerdemanagement relevanten Faktoren sind emotionale Intelligenz, Konfliktfähigkeit, Stressresistenz, Freude am Job und ein positives Menschenbild. Je positiver Ihre mentale Grundkonstitution ist, desto eher sind Sie in der Lage, mit Empathie, Energie und Enthusiasmus Beschwerden zu bearbeiten und Probleme zu lösen.

2.1 Emotionale Intelligenz und Empathie

Im Gegensatz zum Intelligenzquotienten (IQ), der unveränderbar ist, lässt sich die „emotionale Intelligenz (EQ)" oder die mit „Intelligenz gepaarte Emotionalität" durchaus weiterentwickeln. Der Begriff „emotionale Intelligenz" wurde 1980 von den beiden Psycho-

Emotionale Intelligenz ist ausbaufähig

logen John Meier und Peter Salovey eingeführt. Wirklich populär hat ihn aber erst Daniel Goleman, Psychologe und Kognitionswissenschaftler, durch sein Buch „Emotionale Intelligenz" gemacht.

„Die emotionale Intelligenz ist ein *aktives Vermögen* und nicht nur ein passives Erlebnis. Wesentlich ist, mit *eigenen und fremden Gefühlen umzugehen*. Emotionale Intelligenz als Fähigkeit ist Gegenspieler und Ergänzung zur rationalen Intelligenz (IQ)." (Scheler, 1999, 20)

Mit Blick auf das Beschwerdemanagement ist das Zusammenspiel von Emotionen und Rationalität besonders interessant. Die Einführung des Begriffs „emotionale Intelligenz" eröffnet dabei eine Perspektive zur Aufhebung des Dualismus von Herz und Verstand.

Die eigene emotionale Intelligenz weiter auszubilden ist lohnend und wird Ihnen zu besseren Ergebnissen nicht nur im Beschwerdemanagement, sondern generell in Ihrem sozialen Umfeld verhelfen.

Emotionen bewusst einsetzen

Emotionen sind gut und wünschenswert. Sie machen uns nur dann zu schaffen, wenn wir uns von ihnen beherrschen lassen. Der emotional kompetente Kundencoach geht jedoch bewusst mit seinen Emotionen um und setzt sie konstruktiv und lösungsorientiert ein.

Es gilt zwischen positiven und negativen Emotionen zu unterscheiden. Die positiven Emotionen erzeugen beim Kunden ein Wohlgefühl und steigern seine Bereitschaft, sich mit den angebotenen Lösungsansätzen zu befassen und einen davon zu akzeptieren. Im Vergleich zu den positiven Emotionen sind freilich die negativen Emotionen wie etwa Ärger oder Wut viel intensiver – das gilt für uns selbst wie auch für die Kunden.

Sachebene und Beziehungsebene

Das in Kapitel 3.1 vorgestellte Eisbergmodell zeigt sehr anschaulich, dass nur die Spitze des Eisbergs (ein Siebtel der Gesamtmenge) die Sachebene darstellt, während der wirklich relevante Teil, die Beziehungsebene, sich mit sechs Siebteln der Gesamtmenge unter Wasser befindet. Diese Erkenntnis bedeutet für den Kundencoach, dass es vergebliche Liebesmüh ist, sich mit dem Kunden auf der rationalen Ebene verständigen zu wollen, wenn es nicht gelingt, eine

2.1 Emotionale Intelligenz und Empathie

emotionale Brücke zum Kunden zu bauen. So lange wird der Kunde der Überzeugung sein: Ich bin O.K. – Du bist nicht O.K, wie die Abbildung 6 sehr anschaulich zeigt.

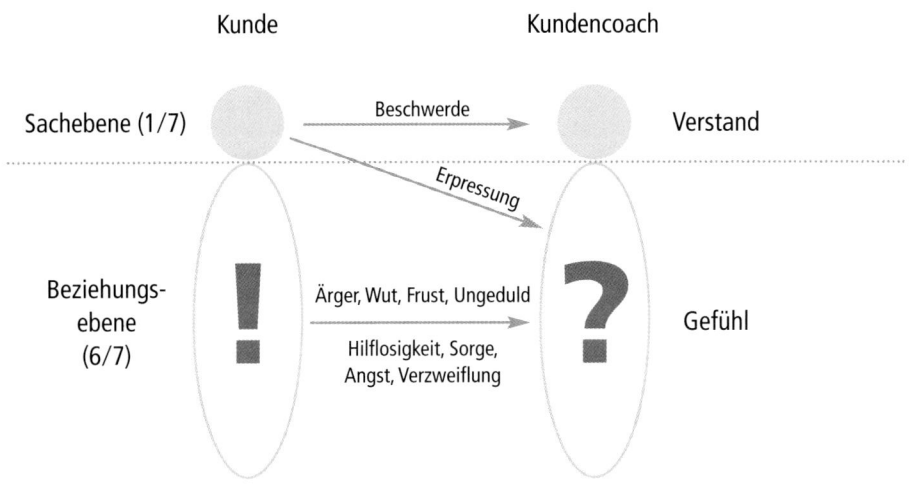

Abb. 6: Kundeneinstellung: Ich bin O.K. – Du bist nicht O.K.

Da wir Menschen keine Automaten sind – deren Gefühle man ein- und ausschalten könnte –, können wir auch nicht unpersönlich überzeugt werden. Der Überzeugungsvorgang ist immer mit Emotionen verbunden. Demzufolge muss zuerst eine positive Beziehung aufgebaut werden, die den Überzeugungsvorgang einleitet. Wichtig ist, sich vor einem Gespräch auf den Gesprächspartner vorzubereiten und auf ihn einzustellen. Wenn man eine solche Möglichkeit nicht hat, zum Beispiel bei einem Anrufer, dann muss dies durch aktives Zuhören und Fragen kompensiert werden (vgl. Kapitel 3 und 5.1).

Aktives Zuhören Wenn Sie aktiv zuhören, Fragen stellen und auf Ihre Gefühle und die des Kunden achten, dann:
- bauen Sie eine emotionale Brücke auf,
- führen Sie effektivere Kundengespräche,
- fallen Ihre sogenannten „Nehmen-wir-mal-an"- oder „Was-wäre-wenn"-Prognosen realistischer aus,
- werden Ihre Lösungsvorschläge für den Kunden annehmbar,
- kommen Sie schneller zu einer einvernehmlichen Lösung,
- ändert sich die Überzeugung des Kunden zu: Du bist O.K. – Ich bin O.K. (vgl. Abb. 7).

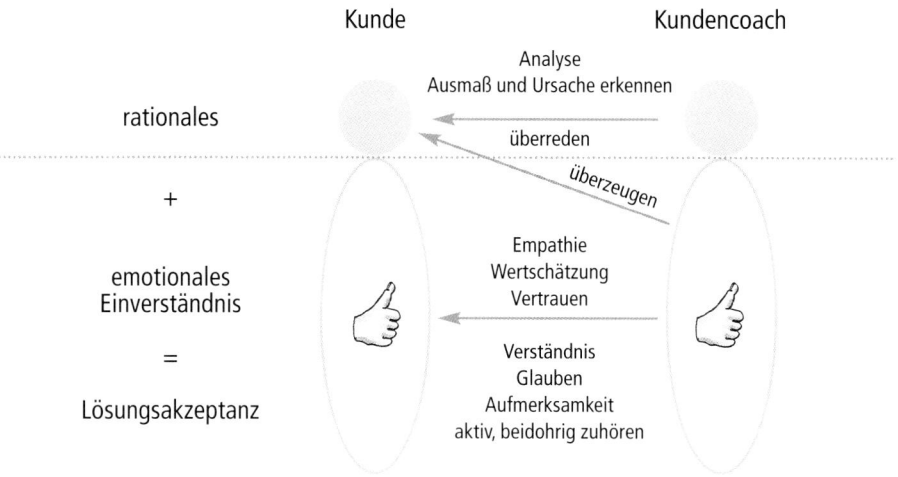

Abb. 7: Kundeneinstellung: Du bist O.K. – Ich bin O.K.

Empathie Passen Sie Ihr Verhalten durch ein gutes Einfühlungsvermögen der Befindlichkeit des Gesprächspartners an. Man spricht in diesem Zusammenhang auch von Empathie. „Empathie bezeichnet die Fähigkeit des Einfühlens, das Einfühlungsvermögen" (Scheler, 1999, 123), also die Fähigkeit, auf die vom Kunden geschilderte Situation einzugehen und entsprechend zu reagieren. Das bedeutet selbstverständlich nicht, dass Sie auch lauter werden müssen, wenn er laut wird.

> Es ist besser, ein Geschäft als den Kunden zu verlieren!

Viele Mitarbeiter im Beschwerdemanagement haben ein großes Problem damit, sich zu entschuldigen oder etwas zu bedauern. Wie selten hört man „Ich entschuldige mich bei Ihnen" oder „Das tut mir aufrichtig leid", viel öfter wird bagatellisiert, beschönigt und verteidigt. Formulierungen wie „Das ist doch nicht so schlimm" oder „Nun stellen Sie sich mal nicht so an" sind eher an der Tagesordnung.

Es geht übrigens nicht darum, sich gleich für den Beschwerdegrund zu entschuldigen, sondern für die negativen Gefühle und Unannehmlichkeiten, die er verursacht hat.

2.2 Konfliktfähigkeit

Wo Menschen zusammenarbeiten, da „menschelt's", sagt der Volksmund. Die tägliche Praxis lehrt uns, dass ein konfliktfreies Leben nur schwer zu realisieren ist. Im Beschwerdemanagement geht es genau darum: Es läuft eben nicht immer alles perfekt. Kunden sind Menschen, und Menschen sind keine Maschinen. Und gerade wegen ihrer „Menschlichkeit" und „Unberechenbarkeit" entstehen Fehleinschätzungen. Diese können schnell zu Enttäuschungen, Ärger und Konflikten führen.

Konflikte als Teil des menschlichen Alltags

Nicht immer freilich sind Fehleinschätzungen der Auslöser für Ärger; es gibt auch offensichtliche Fehler wie zu späte Lieferung, schlechte Qualität oder Produktmängel.

Die Fähigkeit, Konflikte in Angriff zu nehmen und zu bewältigen beziehungsweise gegebenenfalls schon im Vorfeld aufzulösen, wird als Konfliktfähigkeit bezeichnet. Ein bestimmtes Maß an Konfliktfähigkeit ist bei den Mitarbeitern im Beschwerdemanagement unabdingbar.

Unerlässlich: Distanz

Die Kunst ist, sich diese Fähigkeit zu erhalten und weiter auszubauen. Trotz aller gewünschten emotionalen Betroffenheit ist es wichtig, eine gewisse mitfühlende Distanz zum Anrufer zu bewahren. Wer sich ständig mit konfliktträchtigen Aufgaben beschäftigt, wird sonst langsam mürbe.

Betrachten wir zunächst den Unterschied zwischen einem Problem und einem Konflikt. Bei einem Problem stehen sich die Betroffenen wohlwollend gegenüber und suchen nach einer Sachlösung. Bei der Mehrheit der Beschwerden ist dies der Fall.

Das Harvard-Verhandlungskonzept

Bei einem Konflikt hingegen stehen sich die Beteiligten nicht mehr unbedingt wohlwollend gegenüber. Die Emotionen rücken in den Vordergrund, während die Sachlösung zurücktritt. Die Kontrahenten sind mehr damit beschäftigt, ihre Positionen zu verteidigen, als eine befriedigende Lösung zu finden. Zur Lösungsfindung kann das Harvard-Verhandlungskonzept mit seinen fünf Grundsätzen eingesetzt werden.

Bei dem Verhandeln um Positionen gilt:
1. Menschen und Probleme getrennt voneinander behandeln.
2. Nicht Positionen, sondern Interessen in den Mittelpunkt stellen.
   - Wer um Positionen verhandelt, tendiert dazu, sich stark an die Position zu binden.
   - Die dahinterliegenden Probleme und Interessen werden verdeckt.
   - Verhandeln um Positionen wird zum Willenskampf (schlechte Beziehung).
   - Die Verhandlung gerät ins Stocken (ineffizient).
3. Vor der Entscheidung verschiedene Wahlmöglichkeiten entwickeln.
4. Das Ergebnis auf allgemeingültigen oder objektiven Entscheidungskriterien aufbauen: Wie ist der Marktpreis? Was ist gängige Praxis?
5. Eine Entscheidung für oder gegen eine Verhandlungsübereinkunft treffen, indem man sie mit der eigenen besten Alternative dazu vergleicht.

2.2 Konfliktfähigkeit

> Verhandeln Sie nicht um Positionen, sondern berücksichtigen Sie die Interessen, die hinter den Positionen verborgen sind.

Jede Kundenbeziehung, bei der eine Partei sich übervorteilt fühlt – unabhängig davon welche –, löst sich früher oder später auf. Daher wird das Wechseln eines Kunden zum Mitbewerber oft auch als „gescheiterte Konfliktlösung" bezeichnet.

Die Nachrichten zeigen uns täglich die verschiedenen Eskalationsstufen eines Konfliktes. Die Entwicklung von einem Problem zu einem Konflikt lässt sich sehr schön an der Dynamik der Eskalation erkennen:

Vom Problem zum Konflikt

- Verstimmung
- Debatten
- Kontaktabbruch
- Koalitionsbildung
- Strategiebildung
- Drohung (Sabotage, Intrigen, Verweigerungen)
- Zunehmender Verfolgungswahn bei den Konfliktparteien
- offene Sabotage und Behinderung gegnerische Ziele
- „totaler Krieg" (alle Bestrebungen sind darauf ausgerichtet, den Gegner, wenn nicht physisch, so doch psychisch, beruflich oder gesellschaftlich zu zerstören)

Je früher Sie „einsteigen" und sich (noch) um das Problem kümmern, umso schneller finden Sie eine Lösung, umso leichter fällt es Ihnen, die Konfliktdynamik zu unterbrechen. Je länger Sie den Konflikt schwelen lassen, umso schwieriger und langwieriger wird es. Und meistens auch umso teurer.

Probleme möglichst früh angehen

Folgende Checkliste kann Ihnen helfen, anhand ganz konkreter Konfliktindikatoren herauszufinden, in welchem Stadium sich Ihr Konflikt mit dem Kunden befindet.

2. Psychologie des Beschwerdemanagements

Checkliste: Konflikteskalation

Konfliktindikatoren

	Trifft voll zu	Trifft zu	Trifft weniger zu	Trifft nicht zu
1. Die Kommunikation wird steifer und förmlicher	☐	☐	☐	☐
2. Bei Problemen entwickeln sich zunehmend unterschiedliche Ansichten	☐	☐	☐	☐
3. Die Beteiligten zeigen ihre Frustration	☐	☐	☐	☐
4. Es wird über Kleinigkeiten gestritten	☐	☐	☐	☐
5. Es wird mehr nach Schuldigen statt nach Lösungen gesucht	☐	☐	☐	☐
6. Die Beteiligten berufen sich verstärkt auf Verkaufsbedingungen und Verträge	☐	☐	☐	☐

Einen Überblick über die häufigsten Einstellungen/Haltungen, welche die beteiligten Personen bei einem Konflikt einnehmen können, bietet Abbildung 8 (Motamedi, 1999, 73; Böhm, 2003, 22–24).

Die entscheidende Frage lautet: Wie wollen wir grundsätzlich mit einem Konflikt umgehen? Auf diese Frage gibt es fünf verschiedene Antworten:

1. Vermeiden
Die Konfliktvermeidung folgt der Strategie:
Verlierer / Verlierer
Vorteile: wenig Aktion, kaum Schäden, der Konflikt scheint gelöst, durch Nichtstun geregelt
Nachteile: kein Lernanreiz, keine Weiterentwicklung, Passivität, das Gemeinsame geht verloren, keine Lösung und insofern unbefriedigend, der Konflikt taucht erneut auf, sobald die Konfliktpartner wieder da sind

2.2 Konfliktfähigkeit

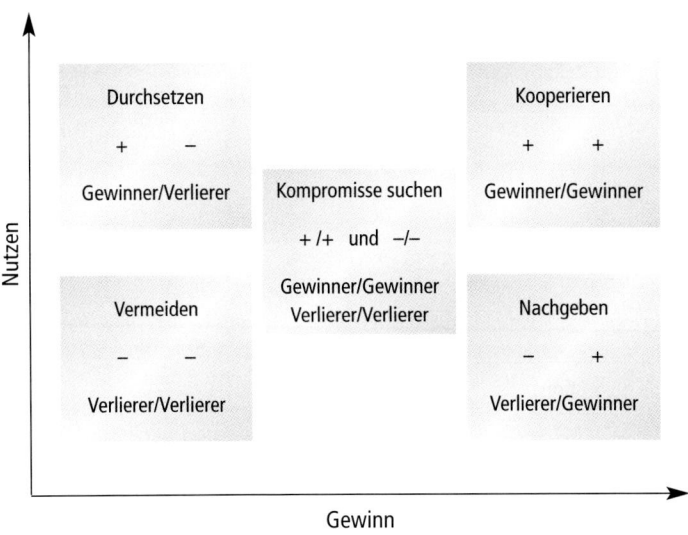

Abb. 8: Einstellungen zu einem Konflikt

2. Durchsetzen

Die Durchsetzung folgt der Strategie:
Gewinner / Verlierer
Vorteile: unkompliziert, geistig anspruchslos, einmalig, dauerhaft, gründlich, eine Konfliktpartei überlebt, die andere wird vernichtet
Nachteile: unkorrigierbar, inhuman, verbreitet Schrecken, nur eine Konfliktpartei überlebt, Weiterentwicklung gefährdet, positive Aspekte des Gegners werden eliminiert

3. Nachgeben

Nachgeben folgt der Strategie:
Verlierer / Gewinner
Vorteile: überleben, Umkehrbarkeit, relativ schnell, wiederholbar, Unterworfener weiter „verwendbar", Arbeitsteiligkeit, Hierarchie
Nachteile: Umkehrbarkeit, permanente Demonstration von Autorität beziehungsweise Kontrolle notwendig, Elend und Angst, willenlos und nicht regierbar, starre Rollenverteilung, Gefahr eines Aufstandes

2. Psychologie des Beschwerdemanagements

4. Kompromiss suchen
Der Kompromiss folgt der Strategie:
Gewinner / Gewinner und Verlierer / Verlierer
Vorteile: eigene Erarbeitung des Ergebnisses, Kontrolle der Regelung durch die Parteien selbst, Teileinigung kann unter Prestigebewahrung erzielt werden, Konfliktparteien sind selbst verantwortlich für erzielte Ergebnisse, Teilverantwortung der Betroffenen gegeben
Nachteile: Neuverhandlungen bei Verschiebung der Interessen oder Machtverhältnisse notwendig, Konflikt nur teilweise beigelegt, Zufriedenheit nur bis zu einem gewissen Grad gegeben

5. Kooperieren
Die Kooperation folgt der Strategie:
Gewinner / Gewinner
Vorteile: Konflikt ist vollständig bewältigt, intensiver Interessenaustausch, intensive Auseinandersetzung mit den Interessen des Konfliktgegners
Nachteile: langwierige Prozedur, Gefahr des Rückfalls auf frühere Stufen der Konfliktregelung – insbesondere Kampf, zeitaufwendig, anstrengend

Fazit: Von den fünf Strategien sollte man im Beschwerdemanagement nur drei ernsthaft verfolgen. Bei „Kleinigkeiten" ist das Nachgeben wohl die intelligenteste Verhaltensweise, auch wenn man zunächst als Verlierer gelten könnte. Langfristig zahlt sich ein eher großzügiges Verhalten aus. Der Kompromiss (beide gewinnen ein wenig und beide verlieren ein wenig) ist die zweitbeste Lösung. Die kooperative Konfliktlösung ist bei schwerwiegenden Sachverhalten (zum Beispiel bei großen Geldsummen oder Fragen von großer Bedeutung) diejenige mit der größten Chance auf langfristige Kundenbindung. Man nennt sie oft auch die „göttliche" Lösung.

Konfliktvermeidung?
Wir sind nicht ganz sicher, ob sich das folgende Funkgespräch tatsächlich so zugetragen hat, lustig ist es allemal.

> *Es soll sich um die Abschrift eines Funkgesprächs handeln, das im Oktober 1995 zwischen einem US-Marinefahrzeug und kanadischen Behörden vor der Küste Neufundlands stattgefunden hat.*
> *Es wurde am 10. 10. 1995 vom Chief of Naval Operations veröffentlicht.*
>
> *Amerikaner: Bitte ändern Sie Ihren Kurs um 15 Grad nach Norden, um eine Kollision zu vermeiden.*
> *Kanadier: Ich empfehle, Sie ändern IHREN Kurs um 15 Grad nach Süden, um eine Kollision zu vermeiden.*
> *Amerikaner: Hier spricht der Kapitän eines Schiffes der US-Marine. Ich sage noch einmal: Ändern Sie IHREN Kurs.*
> *Kanadier: Nein. Ich sage noch einmal: SIE ändern IHREN Kurs.*
> *Amerikaner: Dies ist der Flugzeugträger „US Lincoln", das zweitgrößte Schiff der Atlantikflotte der Vereinigten Staaten. Wir werden von drei Zerstörern, drei Kreuzern und mehreren Hilfsschiffen begleitet. Ich verlange, dass SIE IHREN Kurs 15 Grad nach Norden, das ist einsfünf Grad nach Norden, ändern, oder es werden Gegenmaßnahmen ergriffen, um die Sicherheit diese Schiffes zu gewährleisten.*
> *Kanadier: Wir sind ein Leuchtturm. Sie sind dran.*

2.3 Stressbewältigung

Der Emotionsforscher Dieter Zapf hat zu Forschungszwecken Studenten in ein fiktives Callcenter gesetzt und von einer vermeintlichen Kundin telefonisch beschimpfen lassen. Während einige der Teilnehmer sich wehren durften, mussten andere verbindlich, höflich und nett bleiben. Wer sich nicht alles gefallen ließ, hatte nur kurzzeitig eine erhöhte Pulsfrequenz. Bei den Freundlichen raste das Herz noch lange nach Gesprächsende.

2. Psychologie des Beschwerdemanagements

Das Fazit von Dieter Zapf lautet: Nettsein wider Willen ist purer Stress und auf Dauer gesundheitsschädlich. (Dormann, 2002)

Was können also die Unternehmen für die Mitarbeiter im Beschwerdemanagement und was können die Mitarbeiter für sich selbst tun, um nicht dem „puren Stress" auf Dauer zu erliegen?

Was kann das Unternehmen tun?

Manche Unternehmen haben für die im Beschwerdemanagement arbeitenden Mitarbeiter Halbtagsjobs eingerichtet. Job- und Desk-Sharing sind häufig anzutreffen. Auch das Reduzieren der Schichtdauer auf maximal fünf Stunden hilft, die Belastung auf ein erträgliches Maß zu begrenzen.

Darüber hinaus gehört eine moderne Telefonanlage mit Routing-Funktionalität zur Standardausstattung moderner Callcenter. Sie ermöglicht es, in Sekundenschnelle so lange zu „routen", bis ein „freier" Mitarbeiter lokalisiert wird. Damit ist schon ein erhebliches Stresspotenzial durch die moderne Technik beseitigt worden.

Der Angerufene hat somit die Chance, das Telefonat „in Ruhe" zu führen, die Beschwerde zu bearbeiten, notwendige Informationen einzuholen und den eventuell versprochenen Rückruf zu tätigen. Darüber hinaus ist es, wie in anderen Abteilungen auch, eine Selbstverständlichkeit, dass sich die Mitarbeiter im Callcenter gegenseitig unterstützen. Weiter eingehende Calls werden von den Kollegen entgegengenommen.

Gutes Betriebsklima fördert Stressabbau

Ein gutes Betriebsklima ist gerade im Beschwerdemanagement von entscheidender Bedeutung. Denn wenn neben dem „natürlichen" Stress, der mit dieser Arbeit zwangsläufig verbunden ist, auch noch Schwierigkeiten mit Vorgesetzten und/oder Kollegen dazukommen, dann hilft selbst die beste Technik nicht weiter, um einen emotionalen Supergau zu verhindern. Eine spezifische Atemtechnik oder kurze Nackenmassagen helfen da auch nur bedingt weiter. Da ist das Management gefordert, für die entsprechenden Rahmenbedingungen zu sorgen. Wichtig ist in diesem Zusammenhang, dass die Mitarbeiter permanent trainiert und weiter ausgebildet werden, um mit den sich ändernden Kundenbedürfnissen Schritt halten zu können.

2.3 Stressbewältigung

> Nur ein entspannter und gut gelaunter Kundencoach ist ein guter Kundencoach.

Was kann der Mitarbeiter für sich tun?

Auch der Mitarbeiter selbst hat die Möglichkeit, aktiv etwas zum eigenen Stressabbau beizutragen, wobei es zwischen physischen und psychischen Bedürfnissen zu unterscheiden gilt. Wichtig ist, dass er für sich selbst sorgt. Er trägt zunächst mal die Verantwortung dafür, dass es ihm gut geht. Neben den ganz selbstverständlichen Dingen wie genügend Sauerstoff-, Flüssigkeits- und Nahrungszufuhr sollte er auf ausreichende Pausenzeiten achten, Angebote wie Massagemöglichkeit in den Pausen nutzen und sich bewegen.

Eine Beschwerde bedeutet immer ein erhöhtes Stressniveau: Anders als bei einer Anfrage, einem Verkaufsgespräch oder einer Beratung ist einer der beiden Partner definitiv unzufrieden.

Nun scheint dieser unzufriedene Partner auch noch überlegen, denn „der Kunde ist ja König" oder „steht im Mittelpunkt". Der Anrufer vermittelt das Gefühl: „Ich bin O.K. – Du bist nicht O.K." Daher ist es so wichtig, das eigene Selbstwertgefühl zu erhalten und zu stärken.

Positives Selbstwertgefühl

Das Selbstwertgefühl ist die zentrale Einheit unseres Seins – es spiegelt das Selbstbild wie auch das Selbstvertrauen wider. Menschen mit intaktem Selbstwertgefühl werden auch für die Mitmenschen wertvoll und positiv erscheinen.

Ihren Wert bestimmen nur Sie selbst!

Eine Callcenter-Mitarbeiterin berichtete in einem Seminar, sie habe an ihrem PC einen kleinen Zettel angebracht, auf dem kurz und bündig steht: „Ich mag mich." Es hilft ihr, sich mental positiv zu stimmen und sich nicht von den teilweise sehr unfreundlichen Bemerkungen persönlich erniedrigen zu lassen.

2.4 Selbstvertrauen – Selbstentwicklung – Selbstmotivation

Vertrauen ist der Anfang von allem

Selbstvertrauen und Selbstmotivation sind für den Kundencoach so wichtig, weil sie es ihm ermöglichen, seine Aufgaben dauerhaft mit Freude zu erfüllen. Um Vertrauen geht es auch bei den Kundenkontakten. So sind Begriffe wie Zuverlässigkeit, Commitment, Wechselseitigkeit, Zusammenarbeit, Vereinbarung und Vertrag ohne wechselseitiges Vertrauen nur schwer mit Leben zu füllen. Man könnte auch sagen: Sie bedingen einander. Zu beachten ist dabei: Vertrauen wird durch sehr viele Handlungen erworben, kann aber durch eine einzige zerstört werden.

> Dauerhafte Kundenbeziehungen zeichnen sich vor allem durch eines aus: Vertrauen!

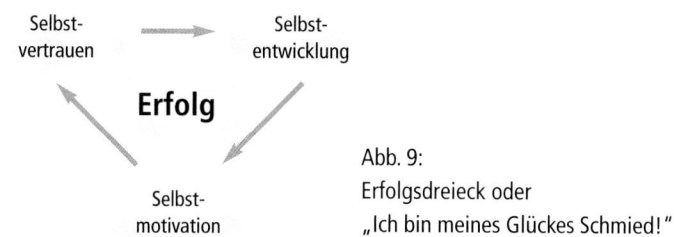

Abb. 9: Erfolgsdreieck oder „Ich bin meines Glückes Schmied!"

Zur morgendlichen Einstimmung kann folgendes „Morgengebet eines Kundencoach" hilfreich ein:

Ich bin ein guter Kundencoach.
Mein Kunde ist mein Partner.
Ich stehe hinter meinem Unternehmen.
Wir haben gute Produkte und Dienstleistungen.
Ich denke lösungsorientiert.

Die Einstellung bestimmt das Verhalten

Meine Einstellung bestimmt mein Verhalten. Je größer der innere Widerstand oder die Abneigung gegen eine bestimmte Tätigkeit ist, desto mehr Energie benötigt man, um sich zu dieser Tätigkeit zu

2.4 Selbstvertrauen – Selbstentwicklung – Selbstmotivation

motivieren. Manchmal verbringt man mehr Zeit damit, sich um etwas „herumzudrücken", als die Erledigung der Aufgabe in Anspruch nehmen würde. Entscheidend ist auch die Haltung gegenüber dem Kunden. Hier gilt es sich immer wieder klarzumachen: Ein Kunde, der sich beschwert, ist unser bester Freund.

In Abbildung 10 haben wir einige Kernaussagen von Reinhard Sprenger (Sprenger, 2002) in einen neuen Zusammenhang gebracht und durch weitere ergänzt. Sie veranschaulicht die Bedeutung von Selbstvertrauen und Vertrauen, auch gegenüber Kunden.

Abb. 10
Die Bedeutung von Selbstvertrauen, Selbstentwicklung und Selbstmotivation

2. Psychologie des Beschwerdemanagements

Übung 3: Beantworten Sie folgende Fragen:

- Wie sieht mein Selbstbild als Kundencoach aus?

_____

- Telefoniere ich gern oder muss ich mich eher überwinden?

_____

- Erzählen Sie gern von Ihrer Arbeit und Ihren beruflichen Erfolgen oder vermeiden Sie in Ihrer Freizeit das Thema „Beruf"?

_____

Wenn Sie nun nach der Lektüre dieses Kapitels der Überzeugung sind, dass bei Ihnen oder Ihrem Unternehmen Optimierungsbedarf besteht, dann sollten Sie Ihre Erkenntnisse jetzt gleich niederschreiben.

Meine Erkenntnisse in diesem Kapitel:

_____

_____

_____

Was kann ich tun, um diese Erkenntnisse für mich und mein Unternehmen nutzbar zu machen?

_____

_____

_____

_____

3. Beschwerdegespräche in der Praxis

Mancher hat schon einmal die Situation erlebt, dass er stocksauer ein Geschäft betrat, wild entschlossen, den nächstbesten Vertreter dieses „Saftladens" zur Schnecke zu machen, doch dann, binnen weniger Minuten, besserte sich seine Laune sichtbar, er wurde gesprächsbereit und war schließlich mit der angebotenen Lösung sehr zufrieden. Sein Ansprechpartner hatte das „Wunder" vollbracht, ihn positiv aufzufangen, sodass er sich wieder gut fühlte.

Wie Sie diese Verwandlung schrittweise bei Ihren Kunden bewirken können, erfahren Sie in diesem Kapitel. Zunächst erhalten Sie einen roten Faden für das Beschwerdegespräch und für jede einzelne Gesprächsphase konkrete Tipps und praktische Übungen. Spezielle Kommunikationstechniken (3.2) dienen dazu, Ihr Methoden-Know-how gezielt zu vertiefen. Anhand eines ausführlichen Fallbeispiels können Sie ein konkretes Gespräch analysieren und Ihre Lösungskompetenz testen. Abschließend werden die klassischen „Fettnäpfchen" beschrieben, in die man als Kundencoach geraten kann, und wie Sie sie gekonnt umschiffen.

3.1 Stufen des Beschwerdegesprächs

Ein Beschwerdegespräch gliedert sich in verschiedene Stufen. Die kompetente Bewältigung jeder einzelnen Stufe bildet die Basis für die nächste Stufe.

Wichtigste Voraussetzung für Ihren Erfolg ist jedoch die positive Grundeinstellung:
- Nehmen Sie eine Beschwerde nie persönlich.

Unabdingbar: eine positive Grundeinstellung

- Haben Sie Verständnis für die Verärgerung des Kunden und geben Sie ihm das Gefühl, ernst genommen zu werden.
- Bleiben Sie ruhig und lassen Sie sich nicht provozieren.
- Nehmen Sie auch Bagatellschäden ernst und vermeiden Sie den Eindruck der Gleichgültigkeit.

Das direkte Gespräch verläuft in fünf Stufen:
1. Gesprächseröffnung
2. Entspannung der Situation
3. Klärung der Sachlage
4. Problemlösung
5. Abschluss

3.1.1 Gesprächseröffnung

In der Phase der Gesprächseröffnung entscheidet sich, ob das Gespräch anstrengend und unangenehm verlaufen wird oder ob eine konstruktive Atmosphäre entsteht, in der beide Seiten sich aufeinanderzubewegen.

Kurz und herzlich — Die richtige Begrüßung kann bereits viel Druck aus der Reklamation nehmen – oder ihn erhöhen: „HOT-Akademie, Angelika Schüssler, guten Tag." Veraltet ist mittlerweile ein langer, auswendig gelernter Singsang wie „Guten Tag, hier ist die HOT-Akademie für Führungskräfte, Sie sprechen mit Angelika Schüssler, wie kann ich Ihnen weiterhelfen?" Manche antworten dann schon respektlos: „Mir ist nicht zu helfen."

Langsam und verständlich — Viele Anrufer sind so nervös oder ärgerlich, dass sie extrem schnell sprechen und sich manchmal auch unklar artikulieren. Bringen Sie daher Ruhe ins Gespräch und steuern sie es durch gezielte Fragen. Die oberste Grundregel – sie gilt im Übrigen für das gesamte Gespräch – lautet deshalb: Langsamer sprechen, denn das ermöglicht schnelleres Verstehen.

Zuständigkeit frühzeitig klären — Aus der Stressforschung wissen wir: Je mehr negative Erlebnisse zusammenkommen, desto eher neigt man dazu, irgendwann in die Luft zu gehen. Um dem entgegenzuwirken, klären Sie das Anliegen und übergeben Sie kompetent an (maximal) einen Zuständigen:

3.1 Stufen des Beschwerdegesprächs

„Damit Sie so schnell wie möglich die beste Unterstützung bekommen, bitte ich Sie, mir kurz zwei bis drei Fragen zu beantworten. Einverstanden?"

3.1.2 Entspannung der Situation

Das jeweilige Maß der Verärgerung ist typ- und situationsabhängig. Manche können sich schon über eine kleine Verzögerung aufregen, manche melden sich erst, wenn sie schon tagelang selbst an dem Problem herumgedoktert haben. Man spricht von der sogenannten „Frustrationstoleranz", die bei dem einen niedrig (frühzeitige Aggression oder Depression), beim anderen hoch ist (Gefühl der Eigenverantwortlichkeit schafft Fähigkeit zur Kompensation von Enttäuschungen).

Die einen haben einen kleinen Kratzer am Gerät entdeckt und werden diesen eher moderat monieren, die anderen fragen sich, warum gerade sie vom Schicksal so geschlagen wurden, dass ihr Notebook nach der dritten Reparatur wieder komplett abstürzt. Der Ärger ist hier bereits am Siedepunkt. Entwickeln Sie ein Frühwarnsystem.

Das bekannte Eisbergmodell zeigt anschaulich: Nur die Spitze des Eisbergs bildet die Sachebene; unter der Wasseroberfläche befindet sich die eigentliche Masse, die Beziehungsebene. Daher ist es so wichtig, die Beziehungsebene zu fokussieren und eine „günstige Strömung" zu erzeugen.

Abb. 11:
Was bewegt den Eisberg: der Wind oder die Strömung?

Aufmerksame Wahrnehmung

Da unsere Sinne unzählige Eindrücke gleichzeitig erhalten, müssen wir in der Lage sein, diese schnell zu filtern. Wir legen uns fest und sortieren unser Gegenüber in eine „Schublade" ein. Je geschulter und sensibler wir dabei unterschiedliche Situationen und Personen erfassen, desto besser und gezielter ist unsere Reaktionsfähigkeit.

Ähnlich wie ein Weinkenner seinen Geschmacks- und Geruchssinn außerordentlich kultiviert hat und unzählige Nuancen zu erkennen vermag, so können Sie mit der folgenden Übung Ihr Wahrnehmungsvermögen trainieren.

Übung 4:
Beobachten Sie einmal eine Fernsehdiskussion ohne Ton und notieren Sie Ihre Beobachtungen über die Körpersprache der beteiligten Personen. Sie werden staunen, wie viel Sie über körpersprachliche Signale lernen können! Überprüfen Sie dann mit Ton, inwieweit Sprache und Körpersprache kongruent waren. Das Ganze können Sie dann auch einmal umgekehrt probieren: nur den Ton hören, aber nicht hinschauen.

Aktiv zuhören

Wie der Pionier der modernen Managementlehre, Peter F. Drucker, festgestellt hat, ist das Wichtigste in einem Gespräch, zu hören, was nicht gesagt wurde. Gerade zu Beginn einer Beschwerde sind Kunden nämlich oft aufgeregt und bringen ihr Anliegen „unsortiert" vor: Deshalb besteht Ihre Aufgabe zunächst darin, genau zuzuhören und den Anrufer nicht zu unterbrechen. Man nennt das auch das „beidohrige" Zuhören, bei dem man sich mit seiner ganzen Aufmerksamkeit dem Kunden zuwendet und signalisiert: „Ich bin jetzt ausschließlich für Sie da und will genau verstehen, worum es geht und was Ihre emotionalen Bedürfnisse sind." Zeigen Sie Ihre Aufmerksamkeit durch verbale Signale: „Ja, hmm, aha" – sogenannte „soziale Grunzlaute", denn gerade bei einem Telefonat sind wir auf Zeichen der Präsenz unseres Gesprächspartners angewiesen.

Darüber hinaus gilt:
- Hauptpunkte und Schlüsselwörter wiederholen
- nachfragen
- zusammenfassen

3.1 Stufen des Beschwerdegesprächs

Handelt es sich bei dem Kundenkontakt nicht um ein Telefongespräch, sondern um ein persönliches Gespräch, so kommen außerdem nonverbale Signale zum Einsatz:
- zugewandte Körperhaltung
- leichtes Nicken mit dem Kopf
- Blickkontakt
- Notizen machen

Im zweiten Kapitel von Michael Endes Buch Momo finden wir unter der Überschrift „Eine ungewöhnliche Eigenschaft …" das Geheimnis der kleinen Momo beschrieben:

> *Momo konnte so zuhören, daß dummen Leuten plötzlich gescheite Gedanken kamen. Nicht etwa, wie sie etwas sagte oder fragte, brachte den anderen auf solche Gedanken, nein, sie saß nur da und hörte zu mit aller Anteilnahme und Aufmerksamkeit. Dabei schaute sie den anderen mit ihren großen dunklen Augen an, und der Betreffende fühlte, wie in ihm auf einmal Gedanken auftauchten, von denen er nie geahnt hatte, daß sie in ihm steckten. Sie konnte so zuhören, daß ratlose und unentschlossene Leute auf einmal ganz genau wußten, was sie wollten, oder daß Schüchterne sich plötzlich frei und mutig fühlten oder daß Unglückliche und Bedrückte zuversichtlich und froh wurden.*
>
> *Und wenn jemand meinte, sein Leben sei ganz verfehlt und bedeutungslos und er selbst nur irgendeiner unter Millionen, einer, auf den es überhaupt nicht ankommt und der ebenso schnell ersetzt werden kann wie ein kaputter Topf – und er ging hin und erzählte alles der kleinen Momo, dann wurde ihm, noch während er redete, auf geheimnisvolle Weise klar, daß er sich gründlich irrte, daß es ihn, genauso wie er war, unter allen Menschen nur ein einziges Mal gab und daß er deshalb auf seine besondere Weise für die Welt wichtig war. So konnte Momo zuhören!*
>
> (Ende, 1973, 46)

3. Beschwerdegespräche in der Praxis

Übung 5:
Trainieren Sie einmal in einer hitzigen Debatte in privater Runde, Ihren Gesprächspartner wirklich ausreden zu lassen, und wiederholen Sie dann das Gesagte in Ihren eigenen Worten: „Wenn ich Dich richtig verstanden habe, meinst Du also, ..." Tragen Sie Ihre eigene Meinung erst vor, wenn der andere die Richtigkeit Ihrer Zusammenfassung bestätigt hat. Sie werden merken, das ist leichter gesagt als getan!

Empathie   Die Bedeutung von Empathie wurde bereits in Kapitel 2.1 erläutert; wie können Sie nun Verstand und Gefühl, also Einfühlungsvermögen, im Gespräch zeigen? Indem Sie Verständnis (kommt von Verstand!) zeigen und offen die Gefühle des Kunden ansprechen.

Negative Erlebnisse und Probleme lassen sich nicht durch ein „Das ist doch alles nicht so schlimm..." oder durch Nichtbeachtung auflösen. Durch das Verbalisieren seiner Gefühle zeigen Sie Ihrem Gesprächspartner, dass Sie ihn verstanden haben, und ermutigen ihn, sein Problem und seinen Ärger vollständig loszuwerden.

Hier ein Beispiel:
Kunde: „Der Fernseher ist kaputt und gestern kam doch UEFA-Cup. Das gibt's doch nicht, nagelneu und schon kaputt. Das ist doch unmöglich!"
Kundencoach: „Oje, da waren Sie bestimmt ziemlich enttäuscht. Das kann ich Ihnen gut nachfühlen. Jetzt schauen wir mal, dass Sie so schnell wie möglich einen intakten Fernseher bekommen und wieder Fußball gucken können. Schildern Sie mal bitte, was genau passiert ist..."

Welche negativen Gefühle im Zusammenhang mit einer Beschwerde kennen Sie – außer Ärger? Hier ein paar Anregungen:
- Wut
- Enttäuschung
- Frustration
- Ungeduld
- Ratlosigkeit
- Hilflosigkeit
- Ausgeliefertsein

- Machtlosigkeit
- Sorge
- Angst
- Verzweiflung

Nutzen Sie Ihre geschulte Wahrnehmung, um die tatsächliche Befindlichkeit des Beschwerdeführers im Gefühlsdschungel zu erkennen.

Tipp: Formulieren Sie möglichst indirekt, insbesondere bei sehr starken Gefühlen. Also nicht: „Da spürten Sie Ihre Hilflosigkeit …", sondern „Ja, das kann ich gut nachvollziehen, da fühlt *man sich im ersten Moment* richtig *hilflos* …"

Indirekt formulieren

Erstens vermeiden Sie dadurch eine Affinität zur Therapeutensprache und zweitens schaffen Sie durch das unpersönliche Pronomen „man" sowie die zeitliche Einschränkung „im ersten Moment" eine gewisse Distanz, die den Kunden daran hindert, sich noch einmal voll und ganz mit dem Gefühl zu identifizieren. Auch das Eigenschaftswort „hilflos" klingt weniger imposant als das Hauptwort „Hilflosigkeit".

Übung 6:
Formulieren Sie zu der folgenden Aussage eine Antwort mit Empathie, Entschuldigung und positivem Ausblick:

Kunde: „Die Winterreifen sind falsch montiert worden. Das ist doch fahrlässig, da hätte mir ja etwas passieren können. Sie vibrieren ganz stark bei Tempo 120 und das Auto fängt an zu tanzen." (Lösungsvorschlag S. 172)

3.1.3 Klärung der Sachlage

Ermitteln Sie das Ausmaß und den Kern des Problems durch gezieltes Fragen und fassen Sie noch einmal die Problemlage zusammen. Dies zeigt dem Kunden, dass Sie die Wichtigkeit seines Anliegens verstehen und Ihnen an einer sorgfältigen Lösung gelegen ist.

3. Beschwerdegespräche in der Praxis

Fragen, fragen, fragen

Eine der wichtigsten Fähigkeiten des Kundencoach ist es, „Frageprofi" zu sein oder zu werden. Es ist erstaunlich, wie viel oft interpretiert, vermutet und unterstellt wird, statt einfach zu fragen. Überstürzte Antworten und voreilige Lösungsangebote führen nämlich eher zu einer weiteren Verstimmung. Hier ein Überblick:

Frageform	Beispiel	Ihr Nutzen
Offene Fragen	„Was ist genau passiert?" „Wie äußert sich der Fehler?"	Sie erhalten Informationen über das Problem und die Hintergründe. Wichtig für die Klärung und Rückversicherung.
Geschlossene Fragen: Diese Fragen beginnen mit einem Verb (Haben Sie …?, Sind Sie …?)	„Funktioniert das Betriebssystem noch?" „Sind Sie mit der Lösung einverstanden?"	Sie erhalten spezifische Kurzinformationen und können damit sehr mitteilsame Gesprächspartner besser steuern als durch offene Fragen.
Alternativfragen	„Möchten Sie gern ein Austauschgerät, oder reicht es Ihnen, wenn Sie das Gerät Ende nächster Woche wiederbekommen?"	Sie bereiten eine Entscheidung vor und bieten Wahlmöglichkeiten. Merke: Oft entscheidet sich der Kunde für die zuletzt genannte Alternative!
Rhetorische Fragen	„Wie lange die Lieferung noch dauert? Warten Sie, ich sage es Ihnen …"	Sie nehmen damit eventuelle Bedenken vorweg und können die Aufmerksamkeit steuern.
Suggestivfragen	„Sind Sie nicht auch der Meinung, dass wir jetzt einen guten Schritt vorangekommen sind?"	Sie erhalten eine Bestätigung. Vorsicht, da manipulativ.
Gegenfragen	Kunde: „Bis wann können Sie es denn reparieren?" Kundencoach: „Bis wann brauchen Sie es?"	Sie gewinnen Zeit und können dem Druck einer Frage entgehen. Eine Gegenfrage kann allerdings auch provozierend wirken. Vorsicht mit Spielraum, den Sie später nicht einhalten können.

In dieser Phase, in der es um die Klärung der Sachlage geht, sammeln Sie mit offenen Fragen (W-Fragen) viele Informationen. Damit Ihr Kunde nicht die Geduld verliert oder sich genervt einer Verhörsituation ausgeliefert fühlt, …
- erklären Sie ihm vorab, dass Sie einige Fragen stellen wollen,
- vermitteln Sie das nutzenorientiert,
- geben Sie dem Kunden Zeit zu antworten,
- vermeiden Sie Kettenfragen („Wie ist das passiert? Welche Funktion fiel zuerst aus? Haben nur Sie das Gerät benutzt?"),
- machen Sie sich Notizen zur Vermeidung von Wiederholungen,
- stellen Sie Rückversicherungsfragen („Habe ich Sie richtig verstanden …"),
- „verpacken" Sie Ihre Fragen in eine höfliche Form („Darf ich Sie fragen, wo …").

Das könnte zum Beispiel so aussehen: „Ich würde Ihnen gern zunächst ein paar Fragen stellen, damit wir die Fehlerquelle finden können, einverstanden? … Sie könnten mir helfen, indem Sie mir genau beschreiben, wie …"

Übung 7:
Sammeln Sie drei offene Fragen zu der folgenden Äußerung: „Der Drucker druckt keine Farbe, obwohl ich eine neue Kartusche eingesetzt habe."

Verzichten Sie auf die Frage „Warum". Wenn wir Sie jetzt fragen würden: „Warum lesen Sie nicht schneller?", klingt darin ein Vorwurf, ja sogar eine Anklage mit. Gerade bei einem Beschwerdeführer wird dies negativ ankommen. Der Angesprochene gerät in eine Verteidigungshaltung oder geht selbst zum Angriff über: „Flight or

Keine Warum-Fragen

Fight" – denn unser Stammhirn sendet auf „Warum"-Fragen sofort Stresshormone.

Natürlich ist es gerade zur Klärung der Sachlage notwendig, die *Ursache* eines Fehlers zu erforschen. Aber das können Sie auch elegant umschreiben: „Können Sie mir sagen, was die Ursache für..." oder „Können Sie sich das erklären, dass..."

3-I-Struktur Zur thematischen Strukturierung können Sie auf die 3-I-Struktur zurückgreifen: Finden Sie zunächst heraus, womit der Kunde gegenwärtig unzufrieden ist, um dann zu seinen Zielen und den damit verbundenen Verbesserungswünschen zu gelangen. Daraus können Sie das Interesse an einer gemeinsamen Lösung entwickeln.

1. Ist-Zustand mit Vorgeschichte
2. Idealzustand → Ziel des Kunden
3. Interesse an einer gemeinsamen Lösung

Notizen Fassen Sie die Punkte abschließend zusammen. Notizen helfen Ihnen, das Wichtigste im Gespräch festzuhalten, und dienen Ihnen später als Gesprächsprotokoll und zur Wiedervorlage. Für den Kunden wird „schwarz auf weiß" sichtbar, ob Sie ihn richtig verstanden haben, und er merkt, dass er wichtig genommen wird.

Man braucht ein wenig Training, um gleichzeitig Fragen zu stellen, aufmerksam zuzuhören, den Blickkontakt aufrechtzuerhalten und sich Notizen zu machen, wenn der Kunde einem gegenübersitzt oder -steht. Aber die Mühe lohnt sich und wird von Ihrem Partner meist honoriert. Wichtig ist, dass Sie sich sein Einverständnis einholen: „Ist es Ihnen recht, wenn ich mir ein paar Notizen zu unserem Gespräch mache? Ich kann dann gleich die Ihnen wichtigen Punkte festhalten."

3.1.4 Problemlösung

Nach der sachlichen Erörterung, gestützt auf Ihr Einfühlungsvermögen, bieten Sie nun dem Kunden eine adäquate Lösung an. Diese basiert auf den Informationen, die Sie erhalten haben. Es kann sein, dass bestimmte Forderungen des Kunden nach Prüfung der Fakten modifiziert werden müssen. Aber meistens reduzieren Kun-

3.1 Stufen des Beschwerdegesprächs

den nach einer gewissen Abkühlung von selbst ihre übertriebenen Ansprüche: „Aber wenigstens ..." oder „Zumindest will ich ..." Denn eine gute emotionale Annahme des Kunden bewirkt, dass er überzogene Forderungen zurückschraubt.

Sollten Sie mit solchen Erwartungen konfrontiert sein, so ist in dieser Phase Ihre Argumentation dagegen wesentlich glaubhafter als zu Beginn, da sie jetzt logisch auf der Klärung des Sachverhaltes aufbaut. Somit hat sie eine größere Chance auf Akzeptanz (vgl. Stauss; Seidel, 2002, 206).

Bei einer Beschwerde ist eine *sofortige* Lösung nicht zwingend erforderlich und auch nicht immer möglich. Dazu ein Beispiel: | **Sofortige Lösung nicht zwingend**

„Sie haben mir die Lieferung für den 24.12. zugesagt und heute, am 27.12., ist sie immer noch nicht da." – Das ist zwar sehr ärgerlich, weil dadurch vermutlich jemand unter dem Weihnachtsbaum kein Geschenk vorfand, aber der Kunde hat darauf keinen Rechtsanspruch, sofern es ihm nicht schriftlich zugesichert wurde.

In diesem Falle wäre allerdings Fairness angesagt gewesen, nämlich der Hinweis an den Käufer, dass der Termin nicht gehalten werden kann, und die Frage, ob trotzdem geliefert oder storniert werden soll.

Allerdings sind heute angesichts der austauschbaren Wirtschaftsgüter alle Anbieter auf dem Markt tunlichst darauf bedacht, Zusagen einzuhalten. Denn allzu einfach ist die Abwanderung zu einem anderen Anbieter, der seine Logistik besser organisiert hat – ohne den Aufwand einer Beschwerde.

Bei der berechtigten Reklamation sind die juristischen Möglichkeiten klar definiert: | **Lösungsmöglichkeiten**

Umtausch: Erfolgt meist anstandslos innerhalb der ersten 14 Tage nach Kauf. Der Kunde erhält eine neue Ware, der Kundencoach hat Mehraufwand, weil er die Ware einschicken und den Fehlerbericht aufnehmen muss. Aber er behält den Umsatz, geschmälert um die Bearbeitungskosten, und der Kunde ist zufrieden. | **Umtausch**

Minderung — *Minderung:* Wenn der Kunde grundsätzlich die Ware behalten möchte, sich aber über einen Kratzer oder eine Delle oder einen vergleichbaren „Schönheitsfehler" ärgert, kann eine Minderung, das heißt ein Preisnachlass eingeräumt werden. Hier ist viel Fingerspitzengefühl und Verhandlungsgeschick gefordert, denn es muss eine für beide Seiten akzeptable Lösung gefunden werden (vgl. 4.2).

Nachbesserung — *Nachbesserung:* Die beanstandete Ware wird repariert. Dies hinterlässt freilich oft ein ungutes Gefühl beim Kunden, weil er nun ein Gerät besitzt, das nicht mehr neu ist, sondern schon eine „Macke" hatte („Wer weiß, wie viele noch kommen?!"). Manche erinnern sich sogar, dass man früher bei reparaturanfälligen Autos von „Montagsautos" sprach, und assoziieren beim Anblick ihres Produktes Heerscharen wochenendmüder Arbeiter am Fließband, die unentwegt Fehler machen. Und wir wissen, was die „sich selbst erfüllende Prophezeiung" bewirkt.

Wandlung — *Wandlung:* Hier wird der Kaufvertrag praktisch annulliert. Der Verkäufer muss die Ware zurücknehmen. Für den Kunden ist dies sicher der bequemste Weg; eine solche Problemlösung gibt ihm das Vertrauen, bei diesem Unternehmen auch wirklich sein Geld zurückzubekommen. Für den Verkäufer ist es jedoch der schmerzlichste Fall, weil alle verkaufsfördernden Maßnahmen an dieser Stelle ohne „return of investment (ROI)" sind. Bleibt nur zu hoffen, dass der Kunde wiederkommt.

Wenn Sie eine Lösung vorschlagen, rückversichern Sie sich immer, ob der Kunde auch einverstanden ist. Wichtig ist, dass Sie in dieser Phase klar und präzise formulieren. Sich freundlich bemühen reicht nicht aus. Jetzt erwarten Kunden Taten! Sonst vermuten sie, dass fehlende Entscheidungs- oder Fachkompetenz mit einem freundlichen, nichtssagenden Beruhigungsgeschwafel übertüncht wird.

Kommen wir nun zu einem einfachen Beispiel.
Stellen Sie sich vor, Ihre Frau/Ihr Mann sagt zu Ihnen: „Du, da kommt ein Film im Kino. Ich möchte da gerne reingehen. Der ist ganz toll, das weiß ich. Du weißt doch, ich mag diese Science-Fiction-Filme, und außerdem spielt Milly Mc Groopy mit, die wurde letztes Jahr mit dem Oscar ausgezeichnet. Ich habe schon vier Filme mit ihr gesehen. Sie

3.1 Stufen des Beschwerdegesprächs

ist meines Erachtens die beste lebende Schauspielerin, einfach bravourös. – Er kommt im Tivoli und läuft um 23 Uhr 30. Wollen wir vorher essen gehen?"

Vielleicht reißt Sie die Begeisterung mit und Sie sagen „Ja". Vielleicht bekommen Sie aber auch ein ungutes Gefühl, denn:
- Sie mögen keine Science-Fiction-Filme.
- Sie kennen keine Schauspielerin namens Mc Groopy.
- Sie fühlen sich unsicher, weil Ihr Partner/Ihre Partnerin anscheinend Experte ist.
- Ihnen schlackern die Ohren vor lauter Informationen.
- Die Uhrzeit passt Ihnen nicht.

Und außerdem: *Wurden Sie eigentlich um Ihre Meinung gefragt?* Also überlegen Sie, noch während Ihre bessere Hälfte argumentiert: „Welchen Film würde ich eigentlich gern sehen?" Was folgt, wissen Sie sicher: endlose Diskussionen.

Die Meinung des anderen

Wenn Sie jemanden überzeugen wollen, ob privat oder beruflich, begeben Sie sich besser auf folgenden Weg:
Weg vom Ich – hin zum Du!

Abb. 12: Weg vom Ich – hin zum Du!

Denn auf der Stirn Ihres Partner klebt ein unsichtbares Schild mit der Aufschrift „Was habe ich davon?"

Abb. 13: Was habe ich davon?

Erst wenn Sie diese Frage beantwortet haben, erwacht sein Interesse.

Nehmen wir wieder das Filmbeispiel: „Liebster, du hast gesagt, du würdest gerne mal wieder mit mir ins Kino gehen. Es gibt da einen ganz tollen Film, den wir uns gemeinsam anschauen könnten. Er spielt in der Zukunft, aber ist sehr realitätsnah, mit viel Action – so wie du es magst. Und da spielt eine Frau mit, also so wie ich deinen Geschmack kenne, muss ich da direkt aufpassen, dass ich nicht eifersüchtig werde. Sie hat sogar letztes Jahr einen Oscar gewonnen. Der Film beginnt zwar erst um 23 Uhr 30, aber wir könnten vorher schön essen gehen – bei deinem geliebten Italiener. Na, was hältst du davon?"

Bloß nicht   Schwer zu widerstehen, nicht wahr? Ähnlich verhält es sich mit Ihrem Angebot im Beschwerdegespräch. Vermeiden Sie:
- ständig von sich zu sprechen: ich, ich, ich,
- Fremdwörter, Abkürzungen und Fachsprache (es sei denn, Ihr Gesprächspartner legt Wert darauf),
- Unterstellungen wie „Sie wissen bestimmt ..." oder „Das kennen Sie sicher ...",

3.1 Stufen des Beschwerdegesprächs

- Prestigegehabe: „Ich habe schon viel gesehen, kenne alles …",
- Häufungen von Daten und Fakten,
- Abschlussfragen ohne Vorbereitung: „Wollen wir vorher essen gehen?"

Trainieren Sie:
- Ihren Kunden wertschätzend anzusprechen („Ich sehe, Sie wissen, worauf es ankommt …"),
- seinen persönlichen Nutzen herauszustellen („Damit Sie nicht nur schnell, sondern auch eine besonders gute Unterstützung vor Ort bekommen …"),
- an seine Wünsche und Erwartungen anzuknüpfen („Sie sagten, dass Ihnen ein guter Servicetechniker vor Ort besonders wichtig ist, da Sie das letzte Mal weniger gute Erfahrungen gemacht haben"),
- Nachteile mit etwas Angenehmem aufzuwiegen („Der Techniker, den ich für Sie einplane, kann erst übermorgen kommen, aber ich schicke Ihnen unseren besten Mann, Herrn Huber"),
- nach der Meinung des Kunden zu fragen („Sind Sie damit einverstanden?").

So geht's besser

Ihre Kunst als Kundencoach liegt darin, eine Brücke von Ihren technischen Argumenten zur Vorstellungswelt des Kunden zu schlagen. Wie ein Übersetzer, der von einer Sprache in die andere übersetzt.

Der Kundencoach als Dolmetscher

Abb. 14: Kundencoach als Dolmetscher

Nutzen Sie die A-bis-Z-Regel:

```
A    = Argument
bis  = bedeutet in der Sprache des Kunden
Z    = Zusatzfrage
```

Auch hierzu ein Praxisbeispiel:
A „*Wir schlagen Ihnen eine Minderung vor*" …
bis „*Dadurch sparen Sie Geld, denn Sie erhalten die Ware zu einem deutlich günstigeren Preis und bekommen ein technisch intaktes Gerät* …"
Z „*Ist das nicht ein interessantes Angebot, was halten Sie davon?*"

Auf den Nutzen hinweisen Geeignete Formulierungen, die den Nutzen vermitteln, sind unter anderem:
… das erlaubt Ihnen …
… das bringt Ihnen …
… dadurch erreichen Sie …
… dies ermöglicht Ihnen …
… das steigert / verringert Ihren …
… das garantiert Ihnen …
… dadurch sparen Sie …
… dadurch haben Sie folgenden Vorteil …

Nicht immer kann man einem Kunden sofort beim Erstgespräch behilflich sein. Das ist zwar für beide Seiten nicht befriedigend, aber es schafft einen Spielraum, einen Fehler gründlich zu recherchieren, und bringt durch den Zeitabstand des Rückrufs oft auch Entspannung mit sich. Wichtig ist es, genaue zeitliche Zusagen zu machen und diese auch entsprechend einzuhalten.

3.1.5 Abschluss

Bedanken So entscheidend wie die ersten Sekunden sind auch die letzten: „Ich danke Ihnen, dass Sie uns bei der Fehlersuche geholfen haben, und bin froh, dass wir Ihnen helfen konnten!" Oder: „Wir danken Ihnen für die Hinweise, die Sie uns gegeben haben, nur so können wir

etwas daran verbessern. Vielen Dank für Ihr Vertrauen zu uns."
Oder auch: „Ich danke Ihnen für Ihre Geduld und Ihre wertvollen Angaben."

Im Anschluss an den Dank sollten Sie die nächsten Schritte festlegen und zügig handeln: „Wir unternehmen also jetzt ... Ich kläre das in unserem Büro und sage Ihnen bis spätestens morgen Bescheid, was wir erreicht haben. Sind Sie damit einverstanden?"

Die nächsten Schritte festlegen

> Das Ziel ist eine Win-win-Situation. Erst wenn diese geschaffen ist, wird der Kunde wiederkommen. Hier liegt das große Verdienst eines positiv eingestellten und kompetenten Kundencoach.

3.2 Exzellente Kommunikation mit NLP

NLP verdanken wir dem Psychologen Richard Bandler und dem Sprachwissenschaftler John Grinder. Hinter dieser Abkürzung verbergen sich äußerst praxisnahe, überraschend einfache und wirksame Techniken, um unsere Wirklichkeit mental, sprachlich und körperlich positiv zu beeinflussen und negative Muster und Verhaltensweisen aufzulösen.

Ziel: positive Beeinflussung

Wofür steht das Kürzel? NLP bedeutet neurolinguistisches Programmieren, wobei „neuro" die mentale und „linguistisch" die sprachliche Ebene meint. NLP wird insbesondere in der professionellen Kommunikation und in der Therapie verwendet.

Wir haben aus dem Gesamtkomplex NLP zwei Methoden ausgewählt, die schnell erlernbar und für den Umgang mit Beschwerden besonders nützlich sind:
1. Rapport – für einen guten, entspannenden Gesprächsstart
2. Metamodellfragen – für die Klärung des Sachverhalts

Rapport und Metamodellfragen

3.2.1 Rapport

Haben Sie schon einmal ein Pärchen in einem Café beobachtet? Interessant ist dabei vor allem, wie der eine den anderen in seiner Körpersprache spiegelt, vermutlich ohne sich dessen bewusst zu sein: Beugt sich die Frau vor, folgt ihr nach kurzer Zeit der Mann; greift er zum Glas, tut sie es im selben Moment. Selbst die Gabel wird manchmal fast gleichzeitig zum Mund geführt. Dies drückt Vertrauen, Harmonie und Zugewandtheit aus.

Was können wir daraus lernen? Schließlich sitzen Sie nicht mit Ihrem Partner zusammen, sondern mit einem unzufriedenen Kunden, oder Sie haben ihn am Telefon.

„Rapport" meint in der Psychologie den unmittelbaren Kontakt. Das bedeutet in unserem Kontext, eine gute Beziehung zu seinem Gesprächspartner aufzubauen. Es ist eine Form von inniger Kommunikation und Vertrauen, die auf der Wahrnehmung von Ähnlichkeiten beruht (vgl. Sommer, 2003, 68).

Pacing/Spiegeln

Der unbewusste Prozess, dessen Zeuge wir geworden sind, ist der erste Schritt dorthin. Er heißt „Pacing" oder auf Deutsch „Spiegeln". Auch wenn wir bewusst eine andere Person spiegeln, kann ein tiefer Rapport entstehen.

Keine Nähe entwickelt sich freilich, wenn der andere das Gefühl hat, er werde nur nachgeahmt. Denken Sie an die Pantomimen in den Fußgängerzonen, die einen verfolgen und perfekt imitieren. Das kann amüsant sein, hat aber wenig mit Rapport oder Wertschätzung zu tun.

Wenn Sie also einen guten Kontakt zu Ihrem (mehr oder weniger) angespannten Gesprächspartner herstellen wollen, tun Sie es auf eine behutsame, wertschätzende Art.

Formen des Spiegelns

Sie haben folgende Möglichkeiten des Spiegelns:
1. körpersprachlich (wenn der andere persönlich anwesend ist)
2. stimmlich (paraverbal)
3. sprachlich (verbal)

3.2 Exzellente Kommunikation mit NLP

Kommen wir zunächst zum *körpersprachlichen Pacing*. Ein amerikanischer Spielfilm handelt davon, dass ein unbedeutender Mann, der dem Präsidenten erstaunlich ähnlich sieht, diesen nach einem Unfall für eine gewisse Zeit ersetzen sollte, ohne dass es die Öffentlichkeit bemerkt. Daher musste er sich einem Crashkurs unterziehen und vor allem auf Gang, Haltung, Stimme, Betonung, Sprachduktus und Marotten achten. Der Mann lernte, den Präsidenten perfekt zu spielen, aber seinem Charakter blieb er glücklicherweise treu.

Körpersprachliches Spiegeln

Das jedoch ist kein Rapport. Rapport heißt, sich auf die Welt des anderen einzulassen, nicht jemanden zu kopieren oder eine Rolle zu spielen.

Beginnen Sie damit, dass Sie Ihre Haltung im Gespräch angleichen, zum Beispiel sich ebenfalls zurücklehnen, die Hand in die Hosentasche stecken, Ihr Schritttempo anpassen usw.

Wie kann man das lernen? Indem man es tut! Und ein paar Hilfsmittel gibt es auch: Sehr gut kann man durch Simulatoren lernen, in die Haut eines anderen zu schlüpfen. So gibt es bereits einen Anzug, einen „Age Simulator", mit dem man sich in ältere Menschen hineinversetzen kann. Wer dies einmal ausprobiert hat, wird mit ihnen anders umgehen, lernt enorm viel über ihr Erleben und die Optimierung seiner Dienstleistungen für diese Zielgruppe.

Vielleicht fragen Sie sich, ob Sie auch im Extremfall Ihr Gegenüber spiegeln sollen, wenn er mit hochrotem Gesicht, die Hände in die Hüften gestemmt, sich vor Ihnen aufbaut oder in den Telefonhörer brüllt. Natürlich nicht: Hier liegt der entscheidende Unterschied zum Kopieren. In dieser Situation ist eine kongruente Haltung sinnvoll: Blickkontakt, aufrechte Haltung, keine Unterwürfigkeitsgeste (also nicht den Kopf senken oder den Blick nach unten richten), kein übertriebenes Lächeln (entwicklungsgeschichtlich kommt Lächeln übrigens vom Zähnefletschen). Zeigen Sie Ihrem Gesprächspartner vielmehr ein ruhiges, offenes, zugewandtes Gesicht. So bekommen Sie eine ähnlich machtvolle, jedoch nicht feindlich wirkende Ausstrahlung.

Extremfälle

Spiegeln kann gefährlich sein

Gute Kundencoachs wissen: Spiegeln kann gefährlich werden. Denn die äußere Haltung beeinflusst die innere Haltung und umgekehrt. Wenn Sie zu lange mit jemandem körpersprachlich „mitgehen", kann seine Stimmung auf Sie übergreifen.

Vielleicht haben Sie eine solche Situation einmal erlebt: Ein Freund erzählt Ihnen von seinem Problem, er sitzt zusammengesunken im Stuhl und starrt auf den Boden. Aus lauter Mitleid nehmen Sie unwillkürlich dieselbe Haltung ein und merken nach einer Weile, dass dessen Situation tatsächlich aussichtslos ist …

Sie haben sich zu stark mit ihm identifiziert und keinen Abstand mehr.

Innere Distanz

Deshalb achten Sie bei allen Formen des Spiegelns darauf, dass Sie die negative oder angespannte Stimmung spüren, damit Sie einen sehr guten Rapport herstellen können. Darüber hinaus ist es wichtig, sich selbst dabei nicht zu vergessen und Distanz zu bewahren. Nur so können Sie Ihren Partner aktiv aus dieser Stimmung heraussteuern. Sie gehen dies an, indem Sie langsam Ihre Mimik, Gestik und Haltung positiv verändern.

Stimmliches Spiegeln

Wer Beschwerden meist am Telefon erlebt, kann die Möglichkeit des *stimmlichen Pacing* intensiv nutzen. Achten Sie vor allem auf die Höhe der Stimme, Lautstärke, Sprechtempo und Atemrhythmus Ihres Gesprächspartners. Auch hier gilt: Nicht mit hektischer Fistelstimme den anderen nachmachen, aber auch nicht einer sehr schnell sprechenden Kundin betont langsam mit tiefer Trancestimme antworten. Holen Sie den Kunden in seiner Stimm(ungs)lage ab, dann können Sie ihn mitnehmen und Brücken bauen.

Übung 8:
Nehmen Sie einmal mehrere Telefonate von sich auf und konzentrieren Sie sich beim Abhören nur auf die Nuancen in Ihrer Stimme und der Ihres Gesprächspartners. Schließen Sie dabei die Augen und achten Sie auf jede Kleinigkeit. Sie werden erstaunt sein, was Ihnen alles auffällt: Räuspern, Schlucken, Stocken, schnelleres Atmen usw.

Und nun zum sprachlichen Pacing: Unser sprachlicher Ausdruck spiegelt auch unsere bevorzugten Sinneskanäle wider. Da wir insbesondere über die Augen (visuell), Ohren (auditiv) und das Tasten/Fühlen (kinästhetisch) wahrnehmen, manifestieren sich diese Wahrnehmungsformen auch in unseren sprachlichen Äußerungen:

Sprachliches Spiegeln

Visuell: „*Sehen* Sie doch mal …"; „Auf den *ersten Blick* war mir klar, das taugt nichts …"; „Das dürfen wir aber nicht *aus den Augen verlieren* …"

Auditiv: „Das *hört sich* nicht gut an …"; „Da müssen wir uns entsprechend *abstimmen* …"; „Das kenne ich nur vom *Hörensagen*, aber das so was auch bei Ihnen …"

Kinästhetisch: „*Fassen* Sie das doch mal an …"; „Da *platzt* einem ja der *Kragen* …"; „Ich *begreife* das nicht, wie kann man nur so was verkaufen …"

Dies sind einige Anhaltspunkte, wie Sie Lieblingskanäle Ihres Kunden erkennen können. Wir stimmen jedoch mit Daniela und Claus Blickhan (Blickhan, 1994, 24) überein, dass es keine reinen Seh-, Hör- oder Spürtypen gibt, denn die jeweils anderen Wahrnehmungskanäle arbeiten ständig mit.

Wenn Ihnen eine deutliche Präferenz eines bestimmten Wahrnehmungskanals auffällt, können Sie entsprechend spiegeln. Generell empfehlen wir jedoch, sich darin zu üben, möglichst „sinnlich" zu kommunizieren, also alle Sinne anzusprechen.

Alle Sinne ansprechen

Besonders wertschätzend kommt es bei Ihrem Partner an, wenn Sie hin und wieder sagen: „Wie Sie vorhin so richtig sagten … (wörtliches Zitat)"; „Sie haben es gerade ganz treffend beschrieben … (wörtliches Zitat)". Die meisten Menschen werden gern zitiert, das erhebt ihre Aussagen zu etwas Besonderem, das so wertvoll war, dass es sich der andere gemerkt hat. Zitate streicheln das Ego.

Zitieren

Manche werden sagen, die Zeit habe ich doch gar nicht, alles so genau zu hören und dann noch entsprechend zu reagieren. Aber es verhält sich wie bei der Geschichte mit der Säge: Entweder Sie schärfen die Säge – denn das ist nicht eine Frage der Zeit, sondern des Trainings und des Interesses –, oder Sie beklagen sich, dass Ihre Säge stumpf ist, und mühen sich weiterhin ab.

Talk smart not hard!

3.2.2 Metamodellfragen

Im Dialog mit anderen sprechen wir de facto oft nur einen Teil dessen aus, was wir zu sagen haben. Dafür gibt es viele Gründe: Man glaubt, der andere weiß das genauso gut wie man selbst; oder man glaubt, keine Zeit zu haben; oder man hat die Information nicht sofort abrufbar; oder man sieht seine inneren Bilder selbst genau genug und vergisst dabei, dass der andere präzisere Informationen braucht, um das Problem zu erkennen.

Gehörtes wird durch den eigenen Filter verzerrt

Und als Zuhörer glauben wir andererseits oft, den Gesprächspartner genau verstanden zu haben, und merken gar nicht, dass wir die Aussagen mit unserer Sichtweise modifizieren, durch unsere Filter verändern.

Ein Beispiel: Ein Freund erzählt dem anderen: „Ich habe bei mir im Büro einen schwierigen Mitarbeiter." Der andere assoziiert seine Vorstellung eines schwierigen Mitarbeiters und antwortet: „Oh ja, das kenne ich. Meiner fragt mich auch bei jedem Kleinkram. Nichts kann er allein machen und ständig braucht er meine Aufmerksamkeit." Daraufhin ist der Erste ganz erstaunt, denn sein schwieriger Mitarbeiter ist das genaue Gegenteil, er fragt nie, möchte am liebsten alles allein machen – ohne Vorgaben und Hinweise.

In der belanglosen Alltagkommunikation sind diese Kommunikationsfehler sicher kein Problem, doch im Geschäftsleben und gerade im Beschwerdegespräch können Sie sich nicht auf Annahmen verlassen, sondern brauchen präzise Informationen.

Nutzen der Metamodellfragen

Mit den Metamodellfragen finden Sie heraus, was Ihr Gesprächspartner genau meint, denkt und fühlt. Ihr Nutzen:

- Sie sammeln präzise Informationen.
- Sie klären Bedeutungen.
- Sie identifizieren Einschränkungen.
- Sie eröffnen Wahlmöglichkeiten.
- Sie konkretisieren Widerstände und Einwände.

Wie funktioniert das? Ständig gewinnen wir neue Eindrücke, machen wir Erfahrungen und verarbeiten sie mental. Beim Prozess der Versprachlichung unseres „Modells" von der Welt filtern und verkürzen wir diese. Einerseits weil unser Wortschatz wesentlich begrenzter ist als die Flut an Signalen, die wir empfangen. Andererseits weil es auch viel zu lange dauern würde und wir einen sehr geduldigen Zuhörer brauchten.

Wir können zwischen drei Hauptformen solcher Reduzierungen unterscheiden. Diesen entsprechen die jeweiligen Metafragen, die auf das dahinterliegende Modell zielen:

Drei Hauptformen von Reduzierungen

1. **Verallgemeinerung**
   Zum Beispiel: *„Immer muss man bei Ihnen stundenlang warten. Niemand fühlt sich hier zuständig."*
   Mögliche Fragen: „Ist Ihnen das wirklich immer so gegangen? – Oder humorvoll: „Wie, bin ich etwa niemand?"

2. **Verzerrung**
   Zum Beispiel: *„Ich weiß genau, Sie wollen mich doch nur abwimmeln."* (Eine subjektive Meinung wird als wahr und allgemeingültig betrachtet.)
   Mögliche Fragen: „Woher genau wissen Sie das?" „Woran machen Sie das fest?" „Was habe ich getan, das Ihnen dieses Gefühl vermittelt?"

3. **Tilgung**
   Zum Beispiel: *„Das ist mir zu hoch."* (Hier wird ein Teil des ursprünglichen Kontextes weggelassen.)
   Mögliche Frage zur Klärung des Kontextes von „das": „Meinen Sie damit das Ganze oder meine letzten Ausführungen?"
   Mögliche Fragen zur Klärung des Kontextes von „zu hoch": „Was bedeutet für Sie ‚zu hoch' – heißt das, ich habe mich unver-

ständlich ausgedrückt oder Sie wollen es gar nicht so genau erklärt haben oder etwas anderes?" „Wie kann ich es für Sie passend erklären?"

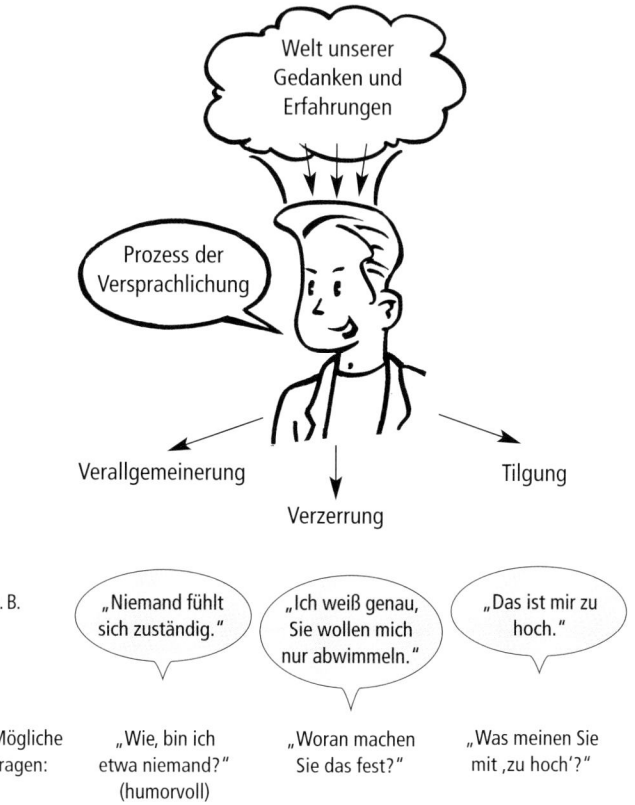

Abb. 15: Metamodell

Auch hier gilt: üben, üben, üben! Sie können mit diesen Fragen exzellent kommunizieren oder aber auch gestelzt und nervtötend wirken.

Wie man den Aufschlag beim Tennis isoliert intensiv übt, um ihn dann im Spiel automatisch zu beherrschen, so können Sie mit folgender Übung Ihre Fähigkeit für Klärungsfragen trainieren, um sie im Beschwerdegespräch wohldosiert und sinnvoll einzusetzen.

Übung 9:
Bitten Sie einen Freund darum, Ihnen eine etwas unangenehme Situation zu schildern. Bitten Sie ihn auch gleich um Geduld mit Ihnen, weil Sie ihn vielleicht nerven werden. Nehmen Sie einen Block und machen Sie sich Notizen: Nach etwa jedem dritten Satz unterbrechen Sie und wiederholen kurz eine Aussage und fragen nach: „Du sagtest gerade, du wüsstest genau, dass x dich nicht leiden kann. Woran merkst du das?" Diese Übung kann sehr viele interessante Erkenntnisse für Ihren Freund zutage fördern.

3.3 Fallbeispiel

Wenn ein Gespräch frustrierend für den Kunden verläuft, liegt das meist nicht an einem – oft verzeihlichen – Fehler, in der Regel sind dann gleich mehrere zusammengekommen. Sie entspringen keiner bösen Absicht, sondern passieren eben. Unachtsamkeit, Gleichgültigkeit und Unwissen können dazu führen, dass der Kunde insgeheim denkt oder laut sagt: „Bei Ihnen kaufe ich nie wieder." Schade, nicht nur wegen des entstandenen Schadens für das Unternehmen, sondern auch für den Berater, der ratlos bis unzufrieden („Was ist denn dem für eine Laus über die Leber gelaufen?") die Schuld beim Kunden sieht und selten seine verpassten Chancen erkennt.

Scheitern hat viele Ursachen

Kommen wir nun zu unserem Fallbeispiel, einer Gürtelreklamation. Notieren Sie sich, was Ihnen bei dem folgenden Gespräch positiv oder negativ auffällt.

> Berater: „Firma Schönherr, mein Name ist Körner, was kann ich für Sie tun?"
>
> Kundin: „Ja, hallo, hier ist Holzer, also ich habe bei Ihnen zwei Gürtel bestellt und die passen jetzt nicht. Ich verstehe das nicht …"
>
> Berater: „Wie war noch mal Ihr Name? Und dann brauche ich Ihre Adresse und Ihre Kundennummer."

Kundin: „Also mein Name ist Holzer, meine Adresse ist ..., ja, wo steht denn die Kundennummer? Ich finde sie hier nicht ..."

Berater: „Ohne Kundennummer kann ich Ihnen nicht weiterhelfen, wir haben schließlich zigtausend Kunden. Aber wir wollen mal sehen, was sich machen lässt: Geben Sie mir noch mal Ihre genaue Adresse. Mal schauen, was unser schlauer Computer findet. – Sind Sie ... (nennt erst mal ein paar weitere Kunden, bis er schließlich sagt): Da hab ich Sie! So, jetzt kann's losgehen. Also worum ging es?"

Kundin: „Ja, wie ich schon gesagt habe, ich habe zwei Gürtel bestellt, die zu kurz sind ..."

Berater (unterbricht): „Ja, ich sehe, zwei Gürtel, je 90 Zentimeter. Haben Sie denn nicht unsere Angaben gelesen, die stehen doch genau hinten drin im Katalog, ab dem dritten Loch bis zur Schnalle ..."

Kundin: „Ja, das will ich Ihnen doch die ganze Zeit erklären. Ich habe es genau so gemacht wie beschrieben, ich habe einen Gürtel von meinem Mann geholt, ein Zentimetermaß genommen und abgemessen. Ich verstehe das nicht. Ich hatte mich so gefreut, meinem Mann die Gürtel zum Geburtstag zu schenken. Und dann packt er sie aus und stellt fest, dass sie zu eng sind. Er dachte schon, ich wollte ihm durch die Blume sagen, er soll abnehmen ... Also ich kann Ihnen sagen, das war gar nicht lustig!"

Berater (lacht): „Das kann ich mir vorstellen! Vermutlich haben Sie einen alten Gürtel genommen, der nicht mehr passt. – Das ist jetzt natürlich etwas schwierig, weil ..."

Kundin: „Nein, nein, der passte. Bestimmt! Ich verstehe nicht, warum ich nicht einfach seine Hosengröße angeben konnte. Sie machen es einem wirklich nicht leicht."

Berater: „Ist ja schon gut, ich will ja nicht mit Ihnen streiten, die Sache ist nur die, dass die Gürtel extra gekürzt wurden. Ich

> will mal schauen, was wir machen können. Kann ich Sie heute noch zurückrufen?"
>
> Kundin: „Nein, ich muss jetzt gleich zur Arbeit, rufen Sie mich morgen früh bitte wieder an. – Aber eins sag ich Ihnen gleich, die Gürtel bezahle ich nicht. Sie müssen mir die umtauschen."
>
> Berater: „Da kann ich Ihnen leider nichts versprechen, das muss unsere Gruppenleiterin entscheiden, auf Wiederhören."

Wie sieht Ihr Resümee aus? Wie beurteilen Sie dieses Gespräch auf einer Skala von 1 (extrem schlecht) bis 10 (optimal)?

Abb. 16: Bewertungsskala

Der folgende Kommentar wird zeigen, dass es zwar viele negative Punkte zu bemängeln gibt, aber auch einige positive Ansätze vorhanden sind. Wer das Gespräch auf der Skala bei 1 (schlecht) ansiedelt, urteilt sehr kritisch, übersieht jedoch dabei die positiven Seiten. Eine realistische Einschätzung liegt ungefähr bei 4. Wirklich perfekte Gespräche (10), wie unsere Messlatte suggeriert, gibt es allerdings in der Praxis nur selten!

Tipp: Wer seine Fähigkeit zur Gesprächsführung verbessern möchte, sollte sich selbst wohlwollend und freundlich über die Schulter schauen und zuhören und nicht nur an sich herummeckern.

Besser wird nur der, der gut ist.

Wie sieht nun der Kommentar zum Fallbeispiel aus, wenn man den Gesprächsverlauf en détail betrachtet und analysiert?

Berater: „Firma Schönherr, mein Name ist Körner, was kann ich für Sie tun?"
Gut, kurz und knapp, Vor- und Zuname würden noch persönlicher wirken.

Kundin: „Ja, hallo, hier ist Holzer, also ich habe bei Ihnen zwei Gürtel bestellt und die passen jetzt nicht. Ich verstehe das nicht ..."
Will berichten, worum es geht.

Berater: „Wie war noch mal Ihr Name? Und dann brauche ich Ihre Adresse und Ihre Kundennummer."
Positiv: Will konkret werden. Negativ: Lässt Kundin nicht ausreden; besser „ist" statt „war" – den Namen besitzt die Kundin immer noch. Notwendige Infos geschäftsmäßig barsch eingefordert. (Botschaft: Ihre Geschichte interessiert mich nicht, stehlen Sie mir keine Zeit.)

Kundin: „Also mein Name ist Holzer, meine Adresse ist ..., ja, wo steht denn die Kundennummer? Ich finde sie hier nicht ..."
Signal (vom Berater überhört): Bitte um Hilfe, wo die Kundennummer zu finden ist.

Berater: „Ohne Kundennummer kann ich Ihnen nicht weiterhelfen, wir haben schließlich zigtausend Kunden. Aber wir wollen mal sehen, was sich machen lässt: Geben Sie mir noch mal Ihre genaue Adresse. Mal schauen, was unser schlauer Computer findet. – Sind Sie ... (nennt erst mal ein paar weitere Kunden, bis er schließlich sagt): Da hab ich Sie! So jetzt kann's losgehen. Also worum ging es?"
Amtsdeutsch „Ohne Kundennummer ... kann ich nicht ...", belehrend („zigtausend Kunden"), gönnerhaft („wollen mal sehen"). Macht sich offensichtlich keine Notizen (Name, Adresse). „Kindchensprache": „schlauer Computer". Indiskretion gegenüber anderen Kunden („Sind Sie ..."). Gut: Erläuterung dessen, was er macht, manche schweigen während der Suche wie ein Grab, was gerade am Telefon verwirrend ist. Dynamik positiv („jetzt kann's losgehen"), dann allerdings für den Kunden frus-

trierend, der alles noch mal von vorn erzählen soll („Also worum ging es?").

Kundin: „Ja, wie ich schon gesagt habe, ich habe zwei Gürtel bestellt, die zu kurz sind ..."
Leichte Ungeduld erkennbar („schon gesagt").

Berater (unterbricht): „Ja, ich sehe, zwei Gürtel, je 90 Zentimeter. Haben Sie denn nicht unsere Angaben gelesen, die stehen doch genau hinten drin im Katalog, ab dem dritten Loch bis zur Schnalle ..."
Wieder unterbrochen. Gut: hat Sachverhalt („zwei Gürtel, je 90 Zentimeter") und Procedere („ab dem 3. Loch ...") präsent; negativ: Anklage: „Haben Sie denn nicht ... gelesen", „die stehen doch genau ...". (Botschaft: Können Sie denn nicht lesen?)

Kundin: „Ja, das will ich Ihnen doch die ganze Zeit erklären. Ich habe es genau so gemacht wie beschrieben, ich habe einen Gürtel von meinem Mann geholt, ein Zentimetermaß genommen und abgemessen. Ich verstehe das nicht. Ich hatte mich so gefreut, meinem Mann die Gürtel zum Geburtstag zu schenken. Und dann packt er sie aus und stellt fest, dass sie zu eng sind. Er hat gemeint, ich wollte ihm durch die Blume sagen, er soll abnehmen ... Also ich kann Ihnen sagen, das war gar nicht lustig!"
Zunehmende Ungeduld („... will ich Ihnen doch die ganze Zeit..."), beginnt sich zu verteidigen („genau so gemacht"), lange Erklärungen. Gefühle thematisiert (Ratlosigkeit, Vorfreude, Enttäuschung). Reaktion des Partners humorvoll beschrieben („durch die Blume ... abnehmen"), Rückkehr zur Ernsthaftigkeit („war gar nicht lustig").

Berater (lacht): „Das kann ich mir vorstellen! – Vermutlich haben Sie einen alten Gürtel genommen, der nicht mehr passt. – Das ist jetzt natürlich etwas schwierig, weil ..."
Positiv der Sinn für Humor, aber unglückliches Timing: Galgenhumor der Kundin wird nicht erkannt, Berater amüsiert sich auf ihre Kosten.(„Das kann ich mir vorstellen!") – Kundin wird Dummheit oder Unwissenheit unterstellt („Vermutlich ... alten

Gürtel"), Berater besinnt sich unvermittelt auf die Sachlage, sieht sich im Vorteil (aufgrund seiner Unterstellung) und deutet Schwierigkeit statt Lösung an. Fehlende Klärung der Situation.

Kundin: „Nein, nein, der passte. Bestimmt! Ich verstehe nicht, warum ich nicht einfach seine Hosengröße angeben konnte. Sie machen es einem wirklich nicht leicht."
Stimmungsumschlag: Vehemente Verteidigung („Nein, nein ... Bestimmt!"), dann Vorschlag, wie sie es gern gehabt hätte („einfach seine Hosengröße" = Tipp für Verbesserungswesen) und Vorwurf („Sie machen ... nicht leicht").

Berater: „Ist ja schon gut, ich will ja nicht mit Ihnen streiten. Die Sache ist nur die, dass die Gürtel extra gekürzt wurden. Ich will mal schauen, was wir machen können. Kann ich Sie heute noch zurückrufen?"
Positiv: Berater hat erkannt, dass er die Kundin verärgert hat, und will beruhigen „(Ist ja schon gut"). Negativ ist die Art und Weise, es klingt herablassend und abwiegelnd. Und wieder schwingt eine Unterstellung mit („ich will ja nicht ... streiten" – Botschaft: Sie wollen streiten, aber der Klügere gibt nach ...). Positiv: Erklärung, warum Umtausch schwierig. Gut gemeint, aber gönnerhaft („was wir machen können"), negativ: keine Entscheidungskompetenz, keine zügige Lösung verfolgt. Neutral: Frage nach Rückrufzeitpunkt, offene Frage hätte mehr Möglichkeiten geboten.

Kundin: „Nein, ich muss jetzt gleich zur Arbeit, rufen Sie mich morgen früh bitte wieder an. – Aber eins sag ich Ihnen gleich, die Gürtel bezahle ich nicht. Sie müssen mir die umtauschen."
Erkennt, dass nun alles noch einmal von vorn losgeht, kein Ergebnis zu erzielen ist, und bezieht ihre Rückzugsposition in der Verweigerung („bezahle ich nicht", „müssen mir die umtauschen").

Berater: „Da kann ich Ihnen leider nichts versprechen, das muss unsere Gruppenleiterin entscheiden, auf Wiederhören."
Ungerührt, denn es ist nicht mehr sein Fall („Gruppenleiterin ... entscheiden"). Und Tschüss ...

3.3 Fallbeispiel

Und so würde eine optimierte Variante dieses Fallbeispiels aussehen:

> Berater: „Firma Schönherr, mein Name ist Tobias Körner, was kann ich für Sie tun?"
>
> Kundin: „Ja, hallo, hier ist Holzer, also ich habe bei Ihnen zwei Gürtel bestellt und die passen jetzt nicht. Ich verstehe das nicht, ich hatte doch alles genau so gemessen wie beschrieben …"
>
> Berater: „Frau Holzer, darf ich Sie ganz kurz nach Ihrer Kundennummer fragen, dann kann ich Ihnen schnell weiterhelfen."
>
> Kundin: „Ja …(zögert), wo steht denn die Kundennummer? Ich finde sie hier nicht …"
>
> Berater: „Schauen Sie mal oben links, unter der Zeile mit Ihrer Adresse." Wartet einen Moment. „Sonst können wir es auch mit Ihrer Postleitzahl probieren."
>
> Kundin: „Da ist sie, xyz."
>
> Berater: „Vielen Dank, genau, da haben wir es: Ja, ich sehe, zwei Gürtel, je 90 Zentimeter …"
>
> Kundin: „Ja, und die passen nun leider nicht. Ich habe es genau so gemacht, wie beschrieben, ich habe einen Gürtel von meinem Mann geholt, ein Zentimetermaß genommen und abgemessen. Ich verstehe das nicht."
>
> Berater: „Ja, das ist blöd. Da haben Sie sich viel Mühe gemacht, genau auszumessen, und nun passt es doch nicht. Da fragt man sich manchmal, wo eigentlich der Wurm drin ist."
>
> Kundin: „Genau. Und ich hatte mich so gefreut, meinem Mann die Gürtel zum Geburtstag zu schenken. Und dann packt er sie aus und stellt fest, sie sind zu eng. Er dachte schon, ich wollte ihm durch die Blume sagen, er soll abnehmen … Also ich kann Ihnen sagen, das war gar nicht lustig!"

Berater: „Ja, das glaube ich. – Auch wenn Sie es schön humorvoll schildern. Aber Sie wollten ihm ja eine Freude machen. Nun sehen wir mal zu, dass Ihr Mann auch zu dieser Freude kommt und sein Geschenk bald passt. Sagen Sie mir doch bitte, wie viel Zentimeter fehlen denn?"

Kundin: „Etwa zehn Zentimeter."

Berater: „Die Länge soll also 100 Zentimeter sein. Mit dem Design und der Farbe sind Sie so weit zufrieden? (Kundin bejaht.) Das freut mich. Das ist doch das Wichtigste. Unser Lieferant hat zwar zurzeit Werksferien, aber gleich nach den Feiertagen rufe ich ihn an und veranlasse den Austausch. Es handelt sich nur um vier Tage, unser Zulieferer arbeitet sehr zuverlässig und zügig. Das heißt, in ca. sechs Tagen kommt unser Lieferservice mit den neuen Gürteln zu Ihnen. Ist das in Ordnung für Sie?"

Kundin: „Geht das auch nicht unter? Muss ich nicht noch was schriftlich schicken?"

Berater: „Nein, das brauchen Sie nicht. Sie können sich darauf verlassen, ich kümmere mich persönlich darum. Sie bekommen von uns eine Benachrichtigung, wann der Lieferservice kommt. Sie geben ihm dann bitte die Retoure, also die zu kurzen Gürtel, mit."

Kundin: „Einfach so?"

Berater: „Genau, einfach so. Der Spediteur hat einen Aufkleber dabei und damit kommt das Päckchen direkt zu uns zurück. Sie sehen, wir wollen es Ihnen so einfach wie möglich machen."

Kundin (ungläubig): „Ja, dann lasse ich mich mal überraschen."

Berater: „Gerne! Vielen Dank für Ihren Anruf, und ich melde mich noch mal nach der Zusendung, ob dann alles so weit passt. Einen schönen Tag noch, auf Wiederhören!"

3.4 Aus Fehlern lernen

Oft zeigen gerade die Negativbeispiele, was ein Beschwerdegespräch erfolgreich macht. Darum wenden wir uns jetzt den Fehlern zu – hier eine Zusammenfassung der wichtigsten „Klassiker":

Die häufigsten Fehler

1. **Problem herunterspielen**
   „Das geht Ihnen nicht allein so …"
   „Das ist doch nicht so schlimm …"

2. **Belehren, „schulmeistern"**
   „Das hätten Sie eben früher bestellen müssen!"
   „Jetzt wollen wir doch mal sachlich bleiben!"

3. **Schuld auf andere schieben**
   „Ich kann nichts dafür, unsere Abteilung xy hat das verbockt."
   „Was – die Änderung wurde Ihnen nicht wie vereinbart zugesandt? Mal sehen, welcher Kollege das gewesen ist."

4. **Unhaltbare Versprechungen**
   „Das wird sofort repariert."

5. **Langwierige Rechtfertigungen**
   „Das liegt daran, dass bei uns zwei Leute krank geworden sind, einer ist in Urlaub, und überhaupt geht heute alles schief, weil der Computer abgestürzt ist."

6. **Aus Vermutungen voreilige Schlüsse ziehen**
   „Habe schon verstanden. Sicher fehlt bei Ihnen das Teil x. Da kann man nur y machen."

7. **Aussagen in Zweifel ziehen**
   „Das hatten wir noch nie, dass ein Kunde hier Probleme hatte."
   „Das gibt es nicht. Das kann nicht sein. Da haben Sie sich bestimmt geirrt."

8. **Kunden angreifen**
   „Sie haben mir doch falsche Informationen gegeben."
   „Sie wollten es doch so haben!"

3. Beschwerdegespräche in der Praxis

9. Demonstrative Gleichgültigkeit
„Bin ich nicht zuständig."
„Glaube nicht, dass wir das heute noch bearbeiten, wir machen gleich Feierabend."

10. Verbrüderung mit dem Kunden gegen das eigene Unternehmen
„Wir machen das jetzt mal folgendermaßen ... Aber Sie dürfen mich nicht verraten, sonst bekomme ich ganz schön Ärger mit meinem Chef."

Vertrauen entsteht nur, wenn Mitarbeiter, die den direkten Kontakt mit Kunden haben, voll zum Unternehmen, dessen Produkten sowie zu ihren Kollegen stehen.

Übung 10:
Ordnen Sie die folgenden Aussagen den oben beschriebenen Fehlerkategorien (FK) zu. (Einen Lösungsvorschlag finden Sie auf S. 172.)

FK	Aussage
	Das kann nicht sein.
	Da sind Sie nicht alleine. Alle haben beim Börsencrash Geld verloren.
	Ich gebe Ihnen 20 Prozent Nachlass, aber das bleibt unter uns. Das ist hier nicht üblich.
	Sie müssen ein bisschen geduldiger sein.
	Aber wir hatten Ihnen gesagt, dass diese Ausführung länger dauert.
	Da können wir nichts dafür, der Versand ist eben ein bisschen langsam.
	Keine Ahnung ...
	Ah, sagen Sie nichts, ich weiß schon, woran es liegt. Das müssen wir einschicken.
	Also wir haben es eingeschickt, aber der eine Techniker hatte Urlaub und der andere war krank, und Sie wissen ja, zwischen den Jahren ..."

3.4 Aus Fehlern lernen

FK	Aussage
	Morgen soll der Techniker vorbeikommen? Kein Problem, er kommt, wann immer Sie es wünschen.
	Dafür bin ich nicht zuständig.
	Sie haben wahrscheinlich die Batterien nicht richtig eingelegt.
	Ist das alles?

Neben diesen Kommunikationssünden werden von Kunden folgende Fehler als besonders lästig empfunden:

- kein Rückruf, keine Einhaltung von Zusagen
- keine konkreten Ansprechpartner oder falsche Weiterleitung
- Falschinformationen
- fehlende Entscheidungsbefugnisse, alles Chefsache
- aussitzen, vielleicht vergisst es der Kunde

Wer solche Fehler macht, verhindert eine Win-win-Beziehung.

Meine Erkenntnisse in diesem Kapitel:

_____

_____

_____

Was kann ich tun, um diese Erkenntnisse für mich und mein Unternehmen nutzbar zu machen?

_____

_____

_____

4. Schwierige Situationen meistern

Eine Beschwerde als solche ist sicher keine ganz entspannte Gesprächssituation, dennoch werden wahrscheinlich viele unserer Leserinnen und Leser zustimmen, dass nur wenige davon wirklich schwierig oder besonders unangenehm sind.

Nur ein Viertel ist wirklich verärgert

Denn sobald man erkennt, dass ein Kunde eine Beschwerde vorbringen möchte, reagiert man bereits (mehr oder weniger) professionell. Die Verärgerung wird vom Kunden oft bewusst zielorientiert ins Feld geführt und sie wird vom Kundencoach quasi erwartet.

In einer Untersuchung mit dem Titel „Verärgerung in Reklamationsgesprächen" stellte der Gesprächsforscher Guido Schnieders fest, dass nur in einem Viertel der Gespräche die Kunden wirklich verärgert waren. Der bloße Umstand, etwas zu reklamieren, führe nicht mehr zu Aufregung (vgl. Schnieders/Mrotzek, 2002, 116).

Ritualisierter Ablauf

Beide Seiten handeln also gewissermaßen nach einem Ritual: Der Kunde bauscht die Sache etwas auf (die Wege, die Umstände, die enttäuschten Erwartungen), um seinen Forderungen Nachdruck zu verleihen, und der Kundencoach hört sich das an (ausreden lassen, damit der Kunde Dampf ablassen kann) und bemüht sich um eine Lösung.

So weit, so gut. Doch liegt in dieser Vorerwartung des Beraters auch die Crux: Er ignoriert die Emotionen zugunsten der weiteren sachlichen Bearbeitung (ebd.).

4.1 Einwände

Bei allen Tipps, die wir Ihnen für den Umgang mit schwierigen Situationen geben, legen wir Ihnen daher diesen zuerst ans Herz: Achten Sie stets auf Ihre eigene Balance und schützen Sie sich vor Desinteresse, Abgestumpftheit und reiner Sachorientierung, die in der Nichtbeachtung der Emotionen Ihrer Kunden mündet.

Im Folgenden erfahren Sie, warum 80 Prozent aller Einwände von Ihnen selbst zu verantworten sind und wie Sie mit Einwänden, Forderungen nach Preisnachlass und Extremforderungen Ihrer Kunden sinnvoll und wertschätzend umgehen.

Nutzen Sie die Tipps in 4.4 für bestimmte Kundentypen und die Hinweise zur Beendigung eines Gesprächs, wenn all Ihre Bemühungen fruchtlos waren.

4.1 Einwände

Einwände des Kunden bilden tatsächlich häufig eine Wand zwischen Kunden und Berater. Ein-Wände können in allen Phasen des Beschwerdegesprächs vorkommen.

Abb. 17: Ein-Wände

Zwei Dinge sind für Sie wichtig zu wissen:
1. Was ist die Ursache für diesen Einwand meines Kunden?
2. Wie reagiere ich am besten darauf?

5 % aller Einwände verursachen Berater selbst.
75 % aller Einwände entstehen aufgrund mangelnder Klärung durch Fragen,
und die restlichen …
20 % sind die Würze, die das Gespräch erst interessant machen!

Fünf Prozent der Einwände selbst verursacht

Was heißt das konkret? Inwiefern verursachen Kundencoachs fünf Prozent aller Einwände selbst? Der Kundencoach legt – unbewusst – dem Kunden den Einwand praktisch in den Mund. Das kann zum Beispiel so aussehen:

Berater: „Vermutlich haben Sie die Batterien nicht richtig eingelegt."
Kunde: „So, für blöd halten Sie mich also auch noch?"

75 Prozent der Einwände durch Fragen vermeidbar

Und wie sind denn 75 Prozent aller Einwände vermeidbar? Diese Einwände kann man sich durch frühzeitiges Fragen bei der Klärung und durch emotionale Zuwendung ersparen. Motive und Beweggründe für die Beschwerde werden zu leichtfertig übersehen, Fehlerdiagnosen des Kunden überhört:

Kunde: „Das alles verstehe ich nicht."
Berater: „Aber ich habe es Ihnen doch gerade erklärt."

Nutzen Sie daher auch und gerade deswegen die Klärungsfragen und Metamodellfragen (Kapitel 3.2), um Einwänden auf den Grund zu gehen und die dahinter verborgenen Informationen und Motive zu sammeln:

Kunde: „Das alles verstehe ich nicht."
Berater: „Was genau haben Sie nicht verstanden?"

20 Prozent der Einwände unvermeidbar

Und was hat es mit den restlichen 20 Prozent auf sich? Ein erfolgreicher Callcenter-Mitarbeiter brachte einmal in einem unserer Seminare einen schönen Vergleich: „Bei Einwänden fängt die richtige Reklamationsbearbeitung doch erst an. Sonst bin ich nur ein Beschwerdeabwickler. – Einwände gehören zur Reklamation. Oder haben Sie schon einmal eine Rose ohne Dornen gepflückt?!"

Manchmal neigen Kundencoachs dazu, einen Einwand blitzschnell zu erkennen, bedenklich den Kopf zu wiegen und ihrem Gesprächspartner zu antworten: „Ich möchte noch mal auf Ihren Einwand zurückkommen …"

Methoden der Einwandbehandlung

Lassen Sie durch das Wort selbst keine Wand zwischen Ihnen entstehen. Besser: „Vielen Dank für den Hinweis." Oder: „Gut, dass Sie darauf zu sprechen kommen." Oder: „Das ist in der Tat ein wichtiger Punkt." Hier die fünf Methoden im Überblick:

1. Perspektivwechsel
2. Nutzung des Einwands
3. Reframing
4. Nutzung von Referenzen
5. Nutzung von Vergleichen

4.1.1 Perspektivwechsel

Früher wurde der Perspektivwechsel als „Ja-aber-Methode" wie ein Holzhammer benutzt:

Kunde: „Das ist mir alles zu kompliziert."
Berater: „Ja klar, aber das ist nun mal keine einfache Geschichte!"

„Ja, aber": Das ist wie eine Hand, die erst streichelt und im nächsten Moment schlägt – was spürt man länger?

> **„Aber trennt, und verbindet."**
>
> (Fritz Perls)

Statt eines hastig dahingesagten „Sie haben ja recht (Luft holen), aber … (zurückschlagen)" üben Sie sich besser darin, die Sichtweise des Kunden einzunehmen, um ihn dann einzuladen, auch die Ihre anzuerkennen:

„Ja, aber" vermeiden

Berater: „Ja, ich kann Sie gut verstehen, dass sich das jetzt im ersten Moment etwas kompliziert anhört. Und ich möchte gern mit Ihnen gemeinsam die Punkte klären, die noch unklar für Sie sind. Vielleicht helfen Sie mir und sagen mir, was Ihnen besonders wichtig ist."

Erst Kundenperspektive Wechseln Sie zuerst die Perspektive:
Von Ihrem Standpunkt aus …
Aus Ihrem Blickwinkel …
Aus dieser Perspektive betrachtet …
Einerseits …

Die Sichtweise des anderen verstehen heißt nicht, ihm recht zu geben.

Vermeiden Sie jegliches Infragestellen. Fragen Sie nicht:
- Wo haben Sie denn das her?
- Wie kommen Sie denn darauf?

Dann Beraterperspektive Jetzt kommt dann das „Und" anstelle des „Aber". Sie können Ihren Kunden nun zu Ihrer Position mitnehmen:
Ich möchte Ihnen gerne zeigen, …
Ich möchte mit Ihnen gemeinsam erarbeiten, …
Lassen Sie uns gemeinsam herausfinden, …

Manchmal hilft es auch, das Wort „aber" einfach zu ersetzen, etwa durch „andererseits" oder „nur".

Tipp: Probieren Sie einmal, einen Tag lang auf das Wort „aber" zu verzichten.

4.1.2 Nutzung des Einwands

Der Einwurf eines Kunden kann auch bereitwillig aufgenommen und positiv genutzt werden. Hierzu ein Beispiel:

Kunde: „Ihre Mitarbeiterin hat mich völlig falsch beraten!"
Berater: „Gut, dass Sie uns das sagen, denn nur so können wir lernen, Fehler zu vermeiden."

Weitere Formulierungen:
Gerade deshalb …

Umso eher …
Gerade dann …

4.1.3 Reframing
Beim Reframing, einer NLP-Methode, wird dem Gesagten ein neuer Rahmen (engl. *frame*) gegeben. Diese Technik erfordert ein fixes Umdenken, um die negativen Aspekte oder Nachteile in die gewünschten positiven Ziele und Verhaltensweisen umzuformulieren. Auch hier ein Beispiel:

Kunde: „Das Gerät ist unhandlich. Das kann ich nicht bedienen."
Berater: „Sie wollen also ein praktisches Gerät, mit dem Sie ganz leicht klarkommen. Wenn ich Ihnen zeige, wie dieses Gerät wirklich einfach zu bedienen ist, wollen Sie es dann noch mal probieren?"

Diese Methode bietet unzählige Möglichkeiten, Einwände konstruktiv zu nutzen und somit dem Gespräch wieder eine gute Wendung zu geben. Eine etwas gewagtere Variante ist dabei die Zustimmung, nachdem einer abwertenden Formulierung eine ganz andere Bedeutung gegeben wurde:

Von der Provokation zur Partnerschaft

Kunde: „Das dauert ja ewig. Sind Sie immer so langsam?"
Berater: „Wenn Sie mit ‚zu langsam' meinen, dass wir Ihr Gerät besonders genau prüfen, um wirklich alle Fehler zu beseitigen, damit Sie danach vollends zufrieden sind, dann haben Sie damit recht."

Gerade bei sehr fordernden Kunden hilft diese etwas provokative Methode, wieder partnerschaftlich auf eine Ebene zu kommen.

4.1.4 Nutzung von Referenzen
Nehmen Sie gerade bei den eher sachlich orientierten Kunden Bezug auf Tests, Berichte, Untersuchungen oder auf andere Kunden. Dies vermittelt dem Kunden Objektivität und Sicherheit.

Bei sachorientierten Kunden: Referenzen nutzen

Kunde: „Ihre Vorgängerin hat mir da vor einem halben Jahr so einen Fonds angedreht und jetzt habe ich acht Prozent Verlust, das darf ja wohl nicht wahr sein."
Berater: „Oje, ich verstehe, dass man da erst mal denkt, das gibt's doch gar nicht. Der Fonds ist allerdings über die letzten 40 Jahre sehr

erfolgreich gewesen, schauen Sie mal hier, die Wertentwicklung. Auch in der Zeitschrift „Finanztest" wurde er sehr positiv bewertet. Was halten Sie davon, ihm noch etwas mehr Zeit für Entwicklungschancen zu geben?"

4.1.5 Nutzung von Vergleichen

Weise Menschen benutzen seit Urzeiten Analogien, Metaphern und kurze Geschichten, um ihre Lehren zu vermitteln. Denn mit diesen rhetorischen Stilmitteln wird etwas versinnbildlicht. Gleichzeitig schaffen sie Distanz zur eigenen Person. Somit können wir die Inhalte leichter annehmen.

Bei unberechtigten Forderungen: Metaphern nutzen

So erreichen Sie, dass Ihr Gesprächspartner seine überzogenen Forderungen zurücknimmt, weil Sie ihn mit einem Beispiel aus einem ganz anderen Kontext den Analogieschluss ziehen lassen, dass er hier zu viel des Guten will. Diese Technik sollte also hauptsächlich genutzt werden, wenn Ihnen die Forderungen unberechtigt und unerfüllbar erscheinen. Ein Beispiel:

Kunde: „Sie müssen das bis morgen repariert haben."
Berater: „Das ist so, als ob Sie Ihrem Arzt sagen, dass er Sie bis morgen geheilt haben soll. Wir vollbringen gerne Wunder, nur geben Sie uns bitte eine realistische Chance."

Vergleichen beginnen beispielsweise mit:
„Stellen Sie sich vor, …"
„Das ist, als ob …"

Für Vergleiche oder Umschreibungen eignen sich insbesondere Parallelen aus dem alltäglichen Leben.

4.1 Einwände

Übung 11:
Notieren Sie bitte fünf verschiedene Einwände, die Sie öfter im Gespräch mit Ihren Kunden hören, und entwickeln Sie aus den beschriebenen Methoden je drei Möglichkeiten, die für Sie gut klingen und die Sie in Zukunft nutzen wollen.

Einwand   Möglichkeit

1.

2.

3.

4.

5.

4.2 Forderung von Preisnachlässen

Gestiegene Rechte der Verbraucher führen zu einer größeren Machtposition als früher, die auch genutzt wird. Der Kunde will einen Zeitverlust und damit auch einen Geldverlust nicht allein tragen, sondern den Partner daran beteiligen.

Manche Märkte werben sogar damit, dass sie ihren Kunden die Differenz erstatten, wenn sie das Produkt woanders billiger sehen. Letztlich ist das vor allem eine gute Werbung für die Kundenorientierung dieses Geschäfts und suggeriert: Hier kaufst du ohnehin schon am preiswertesten, du brauchst gar nicht zu vergleichen.

Vorauseilender Gehorsam zur Vermeidung von Ärger

Es gibt übrigens noch eine eher überraschende Erklärung für Preisnachlässe, die fast absurd klingt: Manche Kunden fordern überhaupt keinen Preisnachlass. Sie drohen vielmehr mit dem Entzug ihrer Kundentreue, falls die Ware nicht die gewünschte Qualität besitzt, oder sie beschweren sich grundsätzlich über die Ware. Aus Angst vor potenziellem Ärger bietet der Berater schließlich von sich aus Nachlass an, in der guten Absicht, den Kunden zufriedenzustellen, aber auf Kosten seiner Firma.

An dieser Stelle hilft nur die Vorstellung, dass man diesen Nachlass vom eigenen Bankkonto gewähren müsste. Sicher ist nachvollziehbar, dass man den Kunden zufriedenstellen möchte, nicht verlieren und auch nicht monatelang auf sein Geld warten will. Aber die Entscheidung, einen Nachlass einzuräumen oder nicht, gilt es sorgfältig abzuwägen.

Alternativen zur Nachlassgewährung

Bei der Beschwerdebearbeitung zeigt sich die wahre Kunst oder trennt sich die Spreu vom Weizen! Die erste Frage lautet immer: Wie beheben wir den Schaden? Nutzen Sie folgende Möglichkeiten anstelle einer Nachlassgewährung:
- Zusätzlichen Service
- Rabatt bei der nächsten Bestellung (Kunde wird motiviert, wiederzukommen)
- Kleine Geschenke/Aufmerksamkeiten

4.2 Forderung von Preisnachlässen

Es gibt natürlich Situationen, in denen ein Preisnachlass gerechtfertigt ist und Sinn macht:
- Die Ware ist nicht mehr vorrätig, das letzte Stück ist beschädigt.
- Kunde will genau dieses letzte Stück.
- Kunde musste wegen Zeitdruck defekte Ware selbst nachbessern.
- Keine Möglichkeit von Nachbesserung, Austausch etc.
- Austausch wäre teurer als Nachlass.
- Nachbesserung wäre teuer als Nachlass.
- Kunde äußert von sich aus explizit den Wunsch nach Nachlass.

Berechtige Nachlassgewährung

Es geht uns hier nicht um den Preisnachlass, wie er seit Aufhebung des Rabattgesetzes möglich ist – nach dem Motto „Ein bisschen geht immer …" -, sondern um nachvollziehbare Ansprüche. Wir reden von den Fällen, in denen Ihr Unternehmen, Ihr Zulieferer, Ihr Kollege oder Sie selbst einen Fehler gemacht haben und in der Schuld stehen.

Bei solchen Fällen nachvollziehbarer Ansprüche spielen Emotionen ebenfalls eine große Rolle: Der Kunde kauft etwas und freut sich darüber. Dann öffnet er die Verpackung und stellt fest, dass das Produkt schlecht verarbeitet ist, nicht genau passt oder aber Schönheitsfehler aufweist. Hier setzt dann die Enttäuschung ein, ihr folgt der Ärger und dann der Anruf, die E-Mail oder das persönliche Erscheinen.

Wir wissen nur eines von jemandem, der Nachlass fordert: Er will die Ware behalten – aus welchen Gründen auch immer! Deshalb gilt es nun klug abzuwägen und mit ähnlichen Fällen zu vergleichen: Wie viel kann/darf ich nachlassen? Gerade dieser Punkt ist eine klare Kompetenzfrage.

Unternehmen, die sich fair verhalten, werden in der Regel auch auf faire Kunden treffen. Natürlich gibt es manchmal – gerade im Einzelhandel – Situationen, bei denen man den Eindruck hat, ein Kunde sucht bewusst nach einer Macke oder hat ein Teil entfernt, um einen Nachlass zu erhalten, aber das ist die Ausnahme. Sollte dies allerdings nicht die Ausnahme sein, muss sich das Unternehmen fragen, was es falsch gemacht hat.

Faire Unternehmen – faire Kunden

Hier ein Fallbeispiel: Ein Unternehmen will seinen wichtigen Kunden zu Weihnachten Präsente schicken und bestellt eine größere Menge Künstleruhren bei einer Firma in den Niederlanden. Die Versandweg dauert zehn Tage. Beim Auspacken wird festgestellt, dass die Uhren zwar sehr schön sind, aber ein Teil billig angeklebt worden ist und bei fast jedem Teil nachgebessert werden muss. Ärger und Hektik entstehen, denn eine Rücksendung ist zeitlich nicht mehr möglich. Was tun? Eine eigene Mitarbeiterin wird zur Ausbesserung eingesetzt, wozu sie einen ganzen Arbeitstag benötigt.

Ein Exemplar wird zu Beweiszwecken fotografiert und das Digitalfoto umgehend der Firma gemailt, gekoppelt mit einem Unzufriedenheit ausdrückenden Anruf und der Forderung nach Minderung. Die Servicemitarbeiterin entschuldigt sich vielmals, bedankt sich für den Hinweis und verspricht einen Rückruf.

Der Rückruf erfolgt zeitnah; die Beraterin schlägt vor, dass ihre Firma auf die Berechnung der Kosten für den Logoaufdruck verzichtet, und fragt, ob der Kunde damit einverstanden sei. Nach der Einigung kommt der Hinweis, man würde noch eine kleine Aufmerksamkeit schicken und hoffe, damit eine Freude zu bereiten.

Dies ist ein gutes Beispiel dafür, wie man die Frage des Nachlasses kundenorientiert und mit unternehmerischer Denkweise für beide Seiten positiv lösen kann.

Tipp: Wenn die Nachlassforderung Ihre Erfahrungspraxis sprengt, machen Sie keine voreiligen Zugeständnisse, sondern klären Sie im Hause, welche Formen des Entgegenkommens möglich sind. Damit es kein Kompetenzgerangel gibt, definieren Sie auch eine „Fallback-Position", das heißt, erkundigen Sie sich, wie weit Sie gehen können, wenn der Kunde nicht auf Ihr erstes Angebot eingeht.

4.3 Übertriebene Ansprüche

Abb. 18: Konflikt

Noch schwieriger als Forderungen nach Preisnachlass sind für den Berater Extremforderungen und Drohungen, denn hier wird neben der kommunikativen und psychologischen Kompetenz sehr stark die schnelle Entscheidungs- und Handlungsfähigkeit des Beraters verlangt. Um Ihnen solche Stresssituationen zu erleichtern, erhalten Sie im Folgenden einen nützlichen Fragencheck zur Einschätzung der Situation und sich daraus ableitende Empfehlungen.

Gefragt: schnelle Entscheidungen

Erinnern Sie sich an das Beispiel von den nachgebesserten Uhren? Lag hier eine berechtigte Beschwerde vor? Mit Sicherheit. Nehmen wir einmal an, Sie sind der zuständige Berater und dem Kunden reicht die angebotene Minderung nicht. Er ruft Sie also erneut an und verlangt außerdem, ihm die Kosten für die Arbeitszeit der Mitarbeiterin, die den Schaden behoben hat, zu erstatten. Er kündigt vorsorglich an, dass er die Kundenbeziehung aufkündigen werde, falls Sie darauf nicht eingehen.

Was tun? Wie schätzt ein Berater am besten die Situation ein?

4. Schwierige Situationen meistern

Nutzen Sie folgenden Fragencheck:

	ja	nein
1. Handelt es sich um eine berechtigte Beschwerde?	☐	☐
2. Gibt es klare Vorgaben durch die Geschäftsführung?	☐	☐
3. Ist der Kunde ein besonders wichtiger Kunde?	☐	☐
4. Hat der Kunde schon öfter eine Beschwerde vorgebracht?	☐	☐
5. Kann der Kunde als Meinungsbildner/Multiplikator wirken?	☐	☐
6. Hat Ihr Unternehmen selbst Kosten zu tragen?	☐	☐
7. Ist die Forderung des Kunden überzogen?	☐	☐
8. Droht der Kunde?	☐	☐
9. Hat kulantes Verhalten eine negative Auswirkung auf die Mitarbeiter?	☐	☐
10. Ist jemand oder etwas für die Beschwerde verantwortlich?	☐	☐

Zu den einzelnen Fragen haben wir folgende Empfehlungen:

1. Handelt es sich um eine berechtigte Beschwerde?

Dokumente prüfen Wichtig ist, dass allen Mitarbeitern, die mit Beschwerden oder Reklamationen konfrontiert werden können, klar ist, wann eine berechtigte Beschwerde vorgebracht wird. Dazu muss man kein Rechtsexperte sein, sondern eruieren, ob ein schriftliches Dokument vorliegt (Vertrag, Rechnung etc.) und somit ein Rechtsanspruch ableitbar ist. Dann ist zu prüfen, ob eine Mitverantwortung des Kunden besteht. Fall ja, würde dies einen Kompromiss nahelegen.

2. Gibt es klare Vorgaben durch die Geschäftsführung?

Holen Sie sich Handlungsanweisungen Möglicherweise gibt es im Unternehmen eine bestimmte Leitlinie wie zum Beispiel „Umtausch ohne Wenn und Aber" oder „Der Kunde hat immer recht". Dann brauchen Sie nicht lange zu ermitteln, sondern folgen den Unternehmensprinzipien, sosehr das vielleicht auch das eigene Gerechtigkeitsgefühl verletzt.

4.3 Übertriebene Ansprüche

Gibt es nicht ohnehin eindeutige Leitlinien, brauchen Sie eine klare Orientierung, Handlungsanweisung und Kompetenzen, was in welchem Fall zu tun ist. Erkundigen Sie sich, welche Kompensationen oder kleinen Geschenke in der Regel angeboten werden können.

3. Ist der Kunde ein besonders wichtiger Kunde?
Welches Gefährdungspotenzial steckt in der Beschwerde? Gehört der Kunde zu jenen 20 Prozent, die 80 Prozent des Umsatzes generieren, oder zu den 80 Prozent, die 20 Prozent des Umsatzes einbringen?

Kulanz bei Topkunden

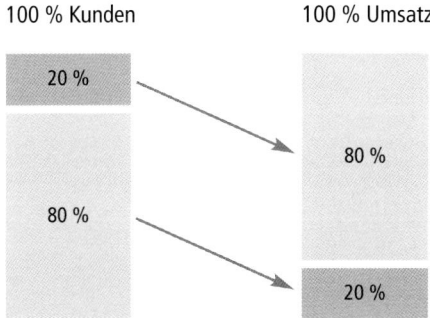

Abb. 19: Einschätzung des Gefährdungspotenzials

Wenn moderne CRM-Systeme eingesetzt werden, sind diese Daten sofort verfügbar und signalisieren, um welche Art Kunde es sich handelt.

Wenn es sich um einen Topkunden handelt, werden Sie seine Forderung vermutlich erfüllen oder ihm zumindest entgegenkommen. Kulanz bedeutet eine gewisse Nachgiebigkeit gegenüber besonders guten Kunden, eine eher großzügige Kompensation von beklagten Nachteilen.

4. Hat der Kunde schon öfter eine Beschwerde vorgebracht?
Hat sich der Kunde schon häufiger beschwert, muss ermittelt werden, ob er bisher besonders viel Pech mit Ihrer Firma hatte oder ob er sehr hohe Anforderungen hat, die nur schwer erfüllt werden

Kunden nicht als Nörgler abstempeln

4. Schwierige Situationen meistern

können. Auch wenn es in der Tat echte Nörgler gibt, sollte man vorsichtig mit Pauschalurteilen sein; prüfen Sie immer ernsthaft, ob der Kunde nicht berechtigt zum wiederholten Male eine Leistung einfordert. Hier ist ein gutes Verbesserungssystem gefordert, das Produkte, Prozesse und Mitarbeiter immer wieder kritisch unter die Lupe nimmt (vgl. Kapitel 6).

Infos zum beruflichen Background nutzen

5. Kann der Kunde als Meinungsbildner/Multiplikator wirken?
Sofern Sie Informationen über den Beruf des Kunden besitzen, nutzen Sie sie! Erstens kann man sich dadurch ganz gut in jemanden hineindenken, und zweitens können Sie daraus auch ersehen, wer Ihnen aufgrund seines Einflusses Schwierigkeiten bereiten kann, zum Beispiel Journalisten, Unternehmer oder Vereinsmitglieder. Je mehr Menschen Ihr Kunde negativ beeinflussen kann, desto mehr Vorsicht ist geboten (vgl. Kap. 1.1).

Auch die weitere Entwicklung im Auge behalten

6. Hat Ihr Unternehmen selbst die Kosten zu tragen?
Wenn ja, sollten die Antworten auf Frage 3 und 4 mit berücksichtigt werden. Handelt es sich um einen sehr wichtigen und wiederholt reklamierenden Kunden, stellt sich die Frage, ob Sie bereits Erfahrungswerte aus der Vergangenheit zu den beiden Messgrößen Umsatz und Kosten haben, die es Ihnen ermöglichen, die weitere Entwicklung zu prognostizieren. Wenn nein, können Sie das Ganze wesentlich entspannter angehen, sollten aber auch Ihren Lieferanten im Sinne einer langlebigen Geschäftsbeziehung so gut wie möglich vor unberechtigten Forderungen schützen. Wer seinen Umsatz mit Massengeschäften macht, wird wesentlich kulanter verfahren können als ein Fachhandel, dessen Zulieferer aufgrund geringer Abnahmequoten wenig Zugeständnisse machen.

7. Ist die Forderung des Kunden überzogen?
Ein Kunde sagt zu Ihnen: „Den Schaden müssen Sie mir ersetzen, meine Maschinen standen einen Tag lang still. Haben Sie eine Ahnung, was das kostet?! Das geht in die Tausende, ganz zu schweigen von den Lieferverzögerungen … Ich sage Ihnen, das bezahlen Sie mir, und wenn ich vor Gericht gehen muss …"

Sie wissen, jetzt heißt es klug handeln. Wie in allen anderen Fällen ist es wichtig, sich zu entschuldigen und Verständnis zu zeigen. Oft kann man nur aufgrund langjähriger Erfahrung schnell beurteilen, ob die Forderung überzogen ist. Ist ein umgehendes Urteil nicht möglich, stellen Sie eine schnelle Prüfung sicher: „Ich schicke Ihnen gleich jemanden vorbei, der sich das Ganze anschaut."

Wenn es sich um eine unangemessene Extremforderung mit berechtigter Grundlage handelt, ist Ihr ganzes Können gefordert, um einen Kompromiss herbeizuführen und die Ansprüche zu reduzieren: „Ihr Ärger ist sehr verständlich und wir wollen Sie auf jeden Fall zufriedenstellen. Lassen Sie uns einen Weg suchen, den wir beide miteinander gehen können. So wie Sie in Ihrem Unternehmen für den Bereich xy verantwortlich sind, haben wir auch eine unternehmerische Verantwortung und müssen daher wirtschaftlich handeln. Was halten Sie von folgendem Vorschlag: … Können wir uns darauf einigen?"

Kompromiss suchen

8. Droht der Kunde?
Drohungen basieren auf der Annahme des Kunden, dass seine Interessen nicht auf andere Weise durchgesetzt werden können oder er ihnen nur dadurch Nachdruck verleihen kann. Sie werden oft genutzt, wenn der Kunde glaubt, zu früh nachgegeben zu haben, oder wenn ein erneutes Ärgernis vorliegt. Beim zweiten Anruf oder nach einer wiederholten Beschwerde ist man dann nicht mehr so freundlich, sondern versucht, Druck zu machen.

Kunden drohen, um ernst genommen zu werden

Falls der Kunde droht, sollten die Alarmlichter bei Ihnen angehen, jetzt leuchtet das Signal: „Nimm mich endlich ernst, sonst mache ich ernst!"

9. Hat kulantes Verhalten eine negative Auswirkung auf die Mitarbeiter?
Wenn ein Kunde immer recht bekommt, sollte diese Geschäftspolitik mit den Mitarbeitern diskutiert und ihnen erklärt werden. Aus langjähriger Trainings- und Beratungserfahrung wissen wir, dass die Kundencoachs und Servicemitarbeiter sonst häufig wirklich enttäuscht sind. Sie verstehen nicht, warum sie so hart arbeiten, möglicherweise auf ihre Provision verzichten müssen und letztlich nur eine unhaltbare Bastion vor dem Vorgesetzten bilden, der dann das Geld dem Kunden „hinterherwirft".

4. Schwierige Situationen meistern

Überzeugungsarbeit bei eigenen Mitarbeitern leisten

Insofern kann kulantes Verhalten dazu führen, dass die Mitarbeiter ihre Tätigkeit und die Produkte entwertet sehen. Ganz entscheidend ist, dass Überzeugungsarbeit geleistet wird, damit die Mitarbeiter verstehen, warum ihr Unternehmen Kundenzufriedenheit an die oberste Stelle setzt – egal, wie viel es auf den ersten Blick kostet.

Schwachstelle suchen und Verbesserungen einleiten

10. Ist jemand oder etwas für die Beschwerde verantwortlich?
Hier geht es nicht um die Suche nach der Schuld, sondern um die Frage, ob es eine klare Zuordnung gibt oder das Problem komplex ist. Bei einer eindeutigen Zuweisung der Verantwortung können einfache Verbesserungsprozesse initiiert werden. Im Bereich der personellen Verantwortung bedeutet dies Training und Gespräche beziehungsweise disziplinarische Maßnahmen bei wiederholtem Fehlverhalten. Bei Produktfehlern sind je nach Sachlage Hinweise an den Hersteller, an die Entwicklungsabteilung, die Produktion oder das Marketing notwendig. Gegebenenfalls muss der Lieferant gewechselt werden, die Fertigung verändert werden usw.

Zurück zu unserem Fallbeispiel. Der Fragencheck hilft dabei, übertriebenen Forderungen nicht nachzugeben, sondern einen Kompromiss zu suchen. Eine Antwort könnte hier also so aussehen:

„Ich verstehe, dass Sie eine Menge Ärger hatten, und es tut mir wirklich sehr leid. Zumal Sie bei uns zum ersten Mal bestellt haben und wir Sie natürlich rundherum zufriedenstellen wollen. Wir schlagen Ihnen Folgendes vor: Auf jeden Fall übernehmen wir die Kosten für den Logodruck, … wir bitten Sie nur um Verständnis, wenn wir die Kosten für den Arbeitseinsatz Ihrer Mitarbeiterin nicht tragen können, da wir Ihnen ja angeboten hatten, die Ware zurückzusenden und auszutauschen. Sie wollten die Ware, so wie sie ist, behalten, und wir freuen uns auch sehr, dass sie Ihnen so gut gefällt. Ich habe mit unserer Geschäftsleitung gesprochen, und wir alle wollen, dass Sie weiterhin ein zufriedener Kunde bei uns bleiben, deshalb bieten wir Ihnen an, von der jetzigen Rechnung noch drei Prozent abzuziehen, und bei Ihrer nächsten Bestellung bekommen Sie ebenfalls drei Prozent Rabatt. Was halten Sie davon? … Auf jeden Fall danken wir Ihnen, dass Sie uns auf diesen Fehler aufmerksam gemacht haben, wir haben dies auch entsprechend weitergeleitet; das wird mit Sicherheit nicht mehr vorkommen."

Als Fazit ist festzuhalten: Wie man auf Extremforderungen und Drohungen reagiert, hängt nicht einfach davon ab, ob diese berechtigt oder gefährlich sind. Vielmehr ist eine kurze, aber umfassende Analyse mithilfe des Fragenchecks nötig, um adäquat reagieren zu können und sich weder leichtfertig Kundensympathien zu verscherzen noch das eigene Unternehmen und seine Mitarbeiter zu schädigen.

Umfassende Analyse des Einzelfalls nötig

4.4 Kundentypen

Obwohl jeder Mensch einmalig und sehr komplex ist, helfen manchmal Typologien, um bestimmte Verhaltensweisen besser einzuordnen. Sie sind wie wertvolle Wegweiser, die uns die Richtung anzeigen, um den Pfad oder die Autobahn zum Kunden zu finden.

Typologien als Wegweiser

Haben Sie es schon einmal erlebt, dass Sie einen Kunden von Weitem kommen sahen und sagten: „Oh Gott, nicht schon wieder der XY." Ihr Kollege hingegen meinte: „Wieso, der ist doch ganz O.K. Komm, ich übernehme den mal." Es ist natürlich ideal, wenn man sich gegenseitig so unterstützt, doch zunächst wollen wir Ihre „roten Knöpfe" erst einmal identifizieren. Nach dem Motto: „Erkenne Dich selbst, dann kann Dich keiner kalt erwischen."

Übung 12: Meine roten Knöpfe
Denken Sie an eine Beschwerdesituation, die für Sie besonders schwierig und unangenehm war. Beantworten Sie dann folgende Fragen:

---

1. Wie verhielt sich der Gesprächspartner? (Körpersprache/Handlungen?)

---

2. Was sagte er genau? (Reizworte?)

---

3. Welche Gefühle löste das bei mir aus? (Verletzte Gefühle von früher?)

---

4. Schwierige Situationen meistern

4. Wie würde ich diesen Kundentyp nennen?

_____

5. Passiert mir das bei diesem Kundentyp häufig? (Reiz-Reaktion)

_____

6. Gibt es einen bestimmten Auslöser? (Eskalationsmoment?)

_____

Das Drücken des roten Knöpfchens löst offensichtlich eine Kettenreaktion aus, die automatisch abläuft. Nun haben Sie die Chance, das Muster zu unterbrechen, die Macht anderer über Ihre Gefühle zu beenden und „selbst-bewusst" zu agieren.

Ein inneres Bild suchen — Tipp: Stellen Sie sich ein symbolisches Lösungsbild vor. Dieser Tipp stammt von einem Seminarteilnehmer, der uns erzählt hat, welches Bild er sich innerlich macht, sobald sein „Antityp" ihn „auf die Palme zu bringen" droht: Er sieht sich als Torero, der ein rotes Tuch in der Hand hat, und sobald der Stier auf ihn losstürmt, dreht er sich elegant zur Seite und lässt ihn ins Leere laufen. Seitdem meistert er schwierige Situationen viel gelassener. Suchen auch Sie nach einem inneren Bild, das für Sie stimmig ist und Ihnen Kraft gibt!

Kundentypen — Folgende Kundentypen werden von Kundencoachs übereinstimmend immer wieder genannt:
1. Der Arrogante
2. Der Besserwisser
3. Der Querulant
4. Der Nörgler
5. Der Vielredner

Wir fassen hier die pointierten Beobachtungen der Kundencoachs zusammen:

1. Der Arrogante

Der Arrogante — Der arrogante Kunde behandelt den Berater, als ob dieser ein Nichts wäre, das auch nichts zu sagen hat. Er verlangt sofort, den Chef zu sprechen. Sie sind ihm nicht einmal den Atem wert, Ihnen sein Anliegen groß zu erklären. Wenn der Chef ihm dann tatsächlich den geforderten Nachlass gibt, dreht er sich mit Siegerlächeln zu Ihnen um und verabschiedet sich mit der Bemerkung: „Sehen Sie, es geht doch!"

Was können Sie tun?
- wertschätzend und sachlich auf Distanz bleiben
- Rückendeckung und Kompetenzen vom Chef vorher holen
- erklären, dass Sie ihm gerne behilflich sind und ihm Zeit sparen wollen (Chef ist im Hause unterwegs, kann etwas dauern …) oder
- Spiel mitspielen: „Hierarchen wollen von Hierarchen gestrichelt werden" (wenn Kunde sehr wichtig)

2. Der Besserwisser

Er verhält sich auch oft arrogant und demonstriert sein Fachwissen. Er vermittelt dem Coach leicht das Gefühl, er sei in der Schule und müsse alle Fragen richtig beantworten, aber die Antworten werden oft als ungenügend empfunden und so schult der Fachmann noch mal nach. Darüber hinaus vermittelt er die Botschaft: „Ihren Job könnte ich auch (besser) machen."

Der Besserwisser

Was können Sie tun?
- zuhören und nicht unterbrechen
- Fachwissen loben
- Details erklären
- sich nicht zu fachlichem Schlagabtausch verführen lassen
- falsche Schlüsse nicht „aufdecken", sondern ergänzen („da hat es ein paar Neuerungen gegeben …")

3. Der Querulant

Manchmal wird dieser Kundentyp auch als Choleriker bezeichnet; und obwohl das zwei recht unterschiedliche Typen sind, wird mit ihnen umgangssprachlich oft derselbe Typus angesprochen: Er tritt sehr dominant auf, duldet keinen Widerspruch, es gibt gar keine andere Sicht als seine. Er wird schnell erregt und aggressiv, schimpft, beschuldigt und droht. Seine Art hat etwas Theatralisches: „Sie sind

Der Querulant

wohl verrückt geworden! Wie können Sie es wagen, mir so einen Schwachsinn zu erzählen." Persönliche Angriffe kommen häufiger vor und werden, nachdem wieder Ruhe eingekehrt ist, oft zurückgenommen: „Habe ich nicht so gemeint. Ich meinte ja nicht Sie …"

Was können Sie tun?
- zuhören und emotional Anteil nehmen
- im Geschäft den Querulanten schnellstens in ein Nebenzimmer manövrieren
- Telefonhörer auf Abstand halten, Headset auf leise drehen
- Gestik positiv umdeuten (drohender Zeigefinger – „Sie zeigen da auf einen wichtigen Punkt …")
- Mut haben, nach einigen Minuten das Muster zu unterbrechen: Fragen Sie etwas, was gar nichts mit der Sache zu tun hat. Sie brauchen einen sogenannten „Separator", etwas, was Ihren Partner aus der Endlosschleife herausholt: „Wissen Sie, was meine Tochter mich heute Morgen fragte, als ich zur Arbeit ging?" Oder „Wussten Sie, dass gestern Bayern München …" Erzählen Sie kurz irgendetwas halbwegs Interessantes. Meistens kann man Folgendes beobachten: Der andere starrt Sie an, als ob er an Ihrer Zurechnungsfähigkeit zweifelt, und nimmt Sie erstmals richtig wahr! Am Telefon wird erst mal eine kleine Pause entstehen. Nun, als ob Sie zur Besinnung kommen, sagen Sie einfach: „Das ist mir nur gerade so eingefallen, weiß auch nicht, wie ich darauf komme, aber kommen wir doch zurück auf Ihren Wunsch…" – und jetzt sprechen Sie die positive Lösung an.
- Probieren Sie diese Methode des Unterbrechens und Neubeginns aus, Sie werden erstaunt sein, wie wirksam sie ist. Sachlich ist es darüber hinaus sehr wichtig, den Fall genau zu überprüfen.

4. Der Nörgler

Der Nörgler

In der Stimme hört man bei diesem Kundentyp den weinerlich-anklagenden Unterton, meist werden geringfügige Anlässe genommen, um ausführlich die damit verbundenen Ärgernisse zu schildern. Man hat den Eindruck, als ob ihm weniger an der Lösung als am Meckern selbst gelegen ist. Wie bei einem kaputten Plattenspieler scheint die Nadel auf der Rille „Ja, aber …" hängen geblieben zu sein.

Was können Sie tun?
- zuhören und sparsam kommentieren
- sich für die wertvollen Hinweise bedanken
- Notizen machen
- geschlossene Fragen stellen
- Lösungen einschränken
- um Mithilfe bitten, um zu einem versöhnlichen Ende zu kommen

5. Der Vielredner
Manche nennen den Vielredner auch „Labertasche", er ist sicher der einfachste Kundentyp, denn er wird nicht als negativ, sondern „nur" als anstrengend empfunden. Gerade Kundencoachs, die selbst im Stress sind und nicht viel Zeit haben, leiden unter ihnen, aber der Umgang mit ihnen ist meistens angenehm und unkompliziert.

Der Vielredner

Was können Sie tun?
- zunächst aufmerksam zuhören
- zunehmend geschlossene Fragen stellen
- Formulierungen benutzen wie „dann haben wir es ja", „schließlich", „am Ende", um den Abschluss des Gesprächs einzuläuten
- notfalls weiteres Gespräch in der Leitung ankündigen

Die Kategorisierung in Kundentypen bietet Ihnen eine einfache Zuordnung und effektive Handlungsmöglichkeiten. Doch bedenken Sie: Jeder Mensch ist einzigartig! Ein gute Maxime ist: Behandle den anderen so, wie Du auch gerne behandelt werden möchtest.

4.5 Grenzen ziehen

Manchmal machen Sie als Kundencoach bei Beschwerdegesprächen die Erfahrung, dass es nicht weitergeht, dass Sie sich im Kreis drehen. Verständnis, Fragen, Angebote – Sie ziehen alle Register, aber der Kunde fängt immer wieder gebetsmühlenhaft von vorn an.

Zunächst sollte man sich selbstkritisch hinterfragen, ob man wirklich genügend auf die Emotionen des Gesprächspartners geachtet hat. Fehlende Würdigung von Gefühlen führt zu einer endlosen

Würdigung der Emotionen

Perpetuierung der Klage. Wenn sich die Spirale schon nach unten gedreht hat, können Sie nur noch bedingt gegensteuern.

Negative Gefühle sind stärker als positive

Hirnstrommessungen nach dem Zeigen von fröhlichen und traurigen Bildern führten die moderne Hirnforschung zu folgendem interessanten Ergebnis: „Generell erleben wir negative Gefühle intensiver als positive, und die unangenehmen Affekte werden auch leichter ausgelöst." (Klein, 2002, 46)

Übersetzt für die Beschwerdesituation heißt das: Wenn die Gelegenheit verpasst wurde, frühzeitig positive Wunschvorstellungen in Gang zu bringen und angenehme Gefühle zu wecken (Erleichterung, Anerkennung, Wertschätzung, Belohnung), wird es sehr schwer! Die schlechten Gefühle nehmen überhand, können ansteckend wirken und ersticken angenehme Gefühle im Keim.

Spätestens wenn sich das Gespräch in einer Endlosschleife befindet, ist der Moment gekommen, den Kunden in die Lösungsverantwortung zu nehmen. Zählen Sie noch einmal auf, was Sie ihm alles ohne Erfolg vorgeschlagen haben, und fragen Sie ihn in bester Kundencoach-Manier:

„Was sollten wir Ihrer Ansicht nach jetzt tun?
Was schlagen Sie vor?"
PAUSE!

Mitverantwortung ist zwar anstrengend, holt Ihren Gesprächspartner aber aus der passiven Opferrolle. Geben Sie ihm Zeit, sein Gehirn (im wahrsten Sinne) umzupolen. Vielleicht gelingt es Ihnen, ein paar positive Gedanken hervorzuzaubern.

Kommen Sie damit nicht weiter, läuft also nach kurzer Zeit wieder dasselbe Band, oder gibt es nur weitere Vorwürfe oder überzogene Forderungen, dann ziehen Sie die Notbremse und beenden Sie das Gespräch. Wie eine echte Notbremse werden Sie auch diese spezielle Notbremse nur sehr selten ziehen. Doch manchmal gilt auch beim freundlichsten Kundencoach: Lieber ein Ende mit Schrecken als ein Schrecken ohne Ende.

4.5 Grenzen ziehen

Erklären Sie dem Kunden, dass Sie jetzt auch nicht mehr weiterwissen. Machen Sie ihm deutlich, dass Sie ohne seine Mithilfe nicht weiterkommen können. Sagen Sie offen, welche Gefühle er in Ihnen ausgelöst hat, und beenden Sie das Gespräch. Achten Sie dabei auf wertschätzende Ich-Botschaften statt anklagende Du-Botschaften.

Beginnen Sie zum Beispiel mit der Aufzählung dessen, was Sie alles probiert und vorgeschlagen haben: „Ich bin ehrlich gesagt mit meinem Latein am Ende, Herr xy. Aus meiner Sicht kommen wir hier nicht weiter. Ich fühle mich zunehmend unwohl und bin auch frustriert, weil ich den Eindruck habe, dass Sie alles, was ich vorschlage, ablehnen. Auf meine Frage, was wir Ihrer Ansicht nach tun sollten, habe ich keine echte Antwort erhalten. Ich beende jetzt das Gespräch, es sei denn, Sie haben einen ganz konkreten Vorschlag, wie wir beide zu einer vernünftigen Lösung kommen." Falls nichts kommt, tun Sie es dann auch!
Zauberfrage

Ein solcher Schritt tut einem als Kundencoach oft selbst am meisten weh, weil es einem letztlich zeigt, dass es Situationen gibt, die man nicht lösen kann. Aber zum Glück gibt es auch einen „blauen Knopf".
Notbremse

Ihr kennt die Geschichte von Peterle, der jeden Abend vor dem Einschlafen ein Raumschiff betrat und in den Weltraum reiste, um ferne Sterne zu besuchen. Wenn er morgens erwachte, hatte er immer interessante Dinge zu berichten.

Eines Tages landete Peterle auf dem Mars. Nachdem er aus seinem Raumschiff ausgestiegen war und einen Marshof betrat, hatte er wieder eine seltsame Begegnung. Er traf nämlich auf einen ärgerlich schimpfenden Marsmenschen, der sich gerade mit seinem Hofcomputer herumschlug. „Was machst du denn da?" fragte Peterle. „Ich will dem Burschen beibringen, daß er gefälligst seine Pflichten zu erfüllen hat. Er hat seit drei Tagen die Hühnerställe nicht gefegt. Die Marshühner hocken angewidert auf ihren Stangen und geben keine Eier mehr. Es ist zum Auswachsen!" – „Das ist in der Tat ein Problem", sagte Peterle mit-

fühlend. „Und wie teilst du deinem Computer mit, worüber du dich so ärgerst?" – „Wie ich das mache, fragst du. Das mache ich wie immer, nämlich genau nach Vorschrift. Ich gebe den Befehl zu arbeiten ein, indem ich auf diesen roten Knopf hier drücke. Aber anstatt zu arbeiten, schlägt der Kerl nach mir!"

Peterle drückte sein Erstaunen aus, dann fragte er: „Hast du schon mal im Computerbuch nachgesehen, was für Befehle du aufrufst, wenn du den roten Knopf drückst?" – „Nein, das habe ich nicht", antwortete der Marsmensch. „Aber vielleicht wäre das gar nicht so verkehrt. Es könnte ja sein, daß wir dann erfahren, warum der Kerl so aggressiv reagiert." Und er ging das Computerbuch holen. Es dauerte nicht lange, bis sie die Seite gefunden hatten, auf der das Befehlsmenü beschrieben wurde, das bei Betätigung des roten Knopfes aufgerufen wurde. Da stand: fragen, verhören, interpretieren, anordnen, befehlen, belehren, warnen, kritisieren, drohen, verurteilen, beschimpfen und als Anmerkung: Nicht aufrufen in schwierigen Situationen. Gefahr aggressiven Widerstands!

„Na also, jetzt haben wir es! Deshalb schlägt der Kerl um sich! Aber wie krieg ich ihn jetzt dazu, daß er wieder arbeitet?" fragte der Marsmensch. „Du mußt den blauen Knopf drücken, der ist zur Informationseingabe da", sagte Peter. „Schau mal das Befehlsmenü: Unannehmbares Verhalten beschreiben, negative Folgen aufzeigen, schmerzhafte Gefühle benennen. Probier das mal aus!" Der Marsmensch drückte den blauen Knopf und gab die entsprechenden Informationen ein. Und siehe da, der Computer entschuldigte sich und ging fröhlich an seine Arbeit.

„Du kommst sicher aus dem Zentrum des Universums, wenn du über so viel Weisheit verfügst", wandte sich der Marsmensch an Peterle. „Nein", erwiderte Peterle. „Ich komme von der Erde, und da schlagen sich die Menschen mit ihren Mitmenschen und Mitarbeitern genauso herum wie du mit deinem Hofcomputer." „Ja, lesen die denn auch keine Bedienungsanleitungen?" fragte der Marsmensch. „Das ist es nicht", sagte Peterle. „Die Menschen

4.5 Grenzen ziehen

wissen schon, was sie tun, wenn sie bei anderen Menschen den roten Knopf drücken, und sie erfahren auch immer wieder, welche Wirkungen das auslöst. Aber offensichtlich vergessen die Menschen immer wieder, daß es auch einen blauen Knopf gibt." – „Das ist eigentlich nicht zu verstehen!" sagte der Marsmensch. „Vor allem, weil ich immer dachte, die Erde sei der blaue Planet."

(Mohl, 1998, 25 ff.)

Meine Erkenntnisse in diesem Kapitel:

_____

_____

_____

Was kann ich tun, um diese Erkenntnisse für mich und mein Unternehmen nutzbar zu machen?

_____

_____

_____

_____

5. Beschwerden auf allen Kanälen

Der meist-genutzte Kanal: das Telefon

Welchen Beschwerdekanal nutzen die Menschen am häufigsten? Die Mehrzahl aller Beanstandungen wird übers Telefon vermittelt, denn vom Griff zum Telefonhörer versprechen sich die Anrufer sofortige oder zumindest schnelle Hilfe und einen konkreten Ansprechpartner. Der Dialog mit ihm gilt vielen – trotz einiger frustrierender gegenteiliger Erfahrungen – als die erfolgversprechendste Kommunikationsform. Deshalb verdient das Telefon Ihre besondere Aufmerksamkeit. Im Folgenden erfahren Sie, welche Vor- und Nachteile das Telefon besitzt und welche drei Erfolgsfaktoren die größte Hebelwirkung hervorrufen.

Briefe und E-Mails bedeuten für die meisten Menschen mehr Aufwand als Telefonate und sind insofern immer ein Zeichen dafür, dass bei Ihren Kunden eine gewisse Schmerzgrenze überschritten wurde. Nun denken sie oft lange darüber nach, wie sie ihren Zorn und ihre Ansprüche in Schriftform gießen. Im Folgenden erhalten Sie konkrete Tipps, wie Sie am besten auf solche Äußerungen eingehen.

Inzwischen nutzen viele Kunden auch die Möglichkeit, ihre Meinung über Internet kundzutun und Lob oder Tadel anonym einer breiten Öffentlichkeit mitzuteilen. Schärfen Sie Ihr Bewusstsein für die Chancen und Gefahren dieser gigantischen Meinungsplattform.

5.1 Am Telefon

Wer erinnert sich nicht noch an den Urlaub früher, ohne Telefon, an die wohltuende Ruhe, die plötzlich einkehrte. Kein Klingeln, kein Anrufbeantworter, einfach abschalten. Aber etwas fehlte uns offenbar, denn wir Menschen sind soziale Wesen, und so haben wir

5.1 Am Telefon

Abhilfe geschaffen: Jetzt verbindet uns das Handy (fast) überall mit dem Rest der Welt.

Keine Gedanken machen wir uns gewöhnlich darüber, welchen Anteil Umgebung, Blickkontakt, Körpersprache, Gerüche etc. für die Kommunikation haben. Das ist in der Alltagssprache auch nicht notwendig, aber in einer schwierigen Situation mit einem Kunden durchaus. Hier sprechen Sie meist mit einem Fremden, den Sie binnen kurzer Zeit gewinnen wollen. Folgende Tipps sensibilisieren Sie für diese bekannte, aber nicht immer bewusste Kommunikationssituation:

- Bereiten Sie sich gut vor (Outbound).
- Setzen Sie sich aufrecht und bequem hin.
- Lächeln Sie am Telefon – man hört es!
- Achten Sie auf Ihre Stimmmelodie.
- Decken Sie die Hörmuschel oder das Mikro nicht mit der Hand ab.
- Sprechen Sie den Anrufer öfter mit Namen an.
- Sprechen Sie nicht mehr als drei bis vier Sätze hintereinander.
- Halten Sie sich an das EVA-Prinzip: einfach, verständlich, anschaulich.
- Sprechen Sie nicht zu schnell und nicht zu langsam.
- Sprechen Sie deutlich.
- Hören Sie Ihrem Kunden zu und lassen Sie ihn ausreden.
- Sprechen Sie bildhaft.
- Wiederholen Sie Wichtiges.
- Zeigen Sie Vorteile/Nutzen auf.
- Machen Sie sich Notizen.
- Wiederholen Sie Wichtiges: Termin, Name, Adresse.
- Bedanken Sie sich für das Akzeptieren Ihres Lösungsvorschlags.
- Der Kunde legt den Hörer zuerst auf.

Abb. 20: Am Telefon

Nicht immer greift man mit Elan zum Hörer, um einen Kunden anzurufen, weil man bei Beschwerden im Vorfeld schon weiß, dass es unter Umständen nicht ganz leicht wird, zu einem positiven Ergebnis zu kommen. Auch im Verkauf muss sich manch einer zum Telefonieren regelrecht überwinden. Wer etwas Anlauf braucht, dem hilft eine innere Bilanzierung der Plus- und Minuspunkte des Mediums Telefon. Die Vorteile sind:

5. Beschwerden auf allen Kanälen

Vorteile des Kommunikationsmittels Telefon
- Zeitersparnis
- Wirtschaftlichkeit
- schnelle Problemlösung
- situatives Handeln und Spontaneität möglich
- Entschärfung oft leichter und weniger aufwendig
- gute Erreichbarkeit
- bequeme Pflege von Kundenbeziehungen
- Überbrückung von Entfernung
- mehrmalige Anrufe problemlos machbar (geringerer Aufwand als bei Besuchen)
- Ersparnis von Schreibarbeit
- Rückruf ermöglicht zwischenzeitliche Klärung
- schnelle Information
- negative sichtbare Merkmale bleiben verborgen (Verlegenheit, Erröten)

Nachteile des Kommunikationsmittels Telefon
Negative Faktoren sind hingegen:
- Reaktion des Gesprächspartners nicht sichtbar
- keine Möglichkeit, etwas zu zeigen oder zu testen
- nur das Ohr ist Zeuge (Telefon ist kein Beweismittel)
- Körpersprache unsichtbar
- kein Blickkontakt
- Gefahr von Missverständnissen
- ständiger Redezwang, weil Schweigen irritiert
- bei Anrufen von Kunden: keine Gesprächsvorbereitung, plötzliche Konfrontation
- Kunden sind am Telefon oft kürzer angebunden als beim persönlichen Gespräch

Oft erkennt man nach Abwägung der Vor- und Nachteile: Das Telefon ist das Mittel der Wahl!

Drei Erfolgsfaktoren für die Telefonarbeit
Spielen Sie bei telefonischen Beschwerden Ihre drei wichtigsten Trümpfe aus:
1. professionelle (Selbst-)Organisation
2. Ihre Stimme
3. Ihre Wortwahl

5.1 Am Telefon

1. Professionelle Organisation

Vorbereitung

Wenn Sie einen Kunden zurückrufen, besitzen Sie den großen Vorteil, das Gespräch entsprechend vorbereiten zu können. Schnelles Umstellen und Reagieren auf Äußerungen des anderen sind ständig nötig. Dabei passiert es leicht, dass man den roten Faden verliert, wenn man vorher nicht sorgfältig festgelegt hat, wohin die Reise eigentlich gehen soll. Nutzen Sie hierfür die Checkliste „Vorbereitung auf ein Beschwerdegespräch" in Kapitel 6.4.

Telefonannahme

Anrufer wollen im Beschwerdefall nur eins: schnelle Unterstützung und einen freundlichen, kompetenten Ansprechpartner. Am nervenaufreibendsten für den Kunden ist es, wenn er unnötig weiterverbunden wird, man im Hause nicht weiß, wer zuständig ist, ein Anrufbeantworter läuft oder jeder, mit dem man (irrtümlicherweise) weiterverbunden wurde, zunächst mal fragt: „Worum geht es denn?" Um dann nach einer Weile mitzuteilen, dass er sich nicht auskenne und der Kollege (wieder mal) leider falsch verbunden habe. Klingt unglaublich, passiert aber jeden Tag! Hier brauchen Sie Beschwerdemanagement schon vor dem eigentlichen Anlass.

Stellen Sie daher sicher, dass Ihre Zentrale als wichtigste Visitenkarte Ihres Unternehmens sofort den direkten Draht zum richtigen Ansprechpartner herstellen kann, dass das Routing funktioniert und Ihre Kollegen sich gegenseitig oder über die Zentrale über die Dauer Ihrer Abwesenheit informieren.

Tipp: Definieren Sie messbare Kriterien, um Ihre Telefonannahme zu prüfen:
- Annahme nach spätestens dreimaligem Klingeln oder nach fünf Sekunden
- Verbindung an maximal einen weiteren Kollegen

- _____
- _____
- _____

Die ersten Sekunden sind nämlich entscheidend: Wenn Sie und Ihr Unternehmen professionell agieren, haben Sie selbst den größten Nutzen davon.

Technisch versiert, menschlich orientiert

Wie wohltuend, wenn der Kunde merkt: Sie sind gut organisiert, haben Ihr Kundenbetreuungssystem (CRM) im Griff, besitzen ein Headset, das Ihnen die Chance zum Mitschreiben bietet, und sind so intelligent wie flexibel, neben der Beherrschung von Software und Technik dem Kunden Fragen zu stellen beziehungsweise Lösungen zu offerieren. Das klingt einfach, ist jedoch eine herausfordernde Multitasking-Leistung, bei der parallel mehrere Aufgaben erfüllt werden müssen.

Nachbereitung

Zur erfolgreichen Nachbereitung (siehe Checkliste Kapitel 6.4) gehört es, dass Sie die gesamte Kommunikation mit Ihren Kunden zuverlässig festhalten. Am besten direkt nach dem Telefonat, dann ist Ihnen das Gespräch noch präsent. Versprechungen, telefonische Terminvereinbarungen, Absprachen und Zusagen dürfen nicht in Vergessenheit geraten. Bestätigen Sie deshalb alle derartigen Vereinbarungen schriftlich.

Wenn Sie alle wichtigen Informationen in Ihrem persönlichen Kundenbetreuungssystem festhalten, können Sie beim nächsten Gespräch darauf zurückgreifen. Leiten Sie sofort fällige Aktionen entsprechend ein und verfolgen Sie sie in Ihrer Wiedervorlage.

Schriftliche Bestätigungen sollten wie eine Quittung schnell übermittelt werden. Warten Sie nicht mehrere Tage, ehe Sie den Brief oder die E-Mail verschicken.

2. Ihre Stimme

Wenn Sie mit einem vertrauten Menschen telefonieren, wissen Sie schnell, „was los ist". Sie erahnen oft innerhalb der ersten Minute die jeweilige Stimmung des anderen. Sie können ihn nicht sehen, nicht fühlen oder riechen, Sie konzentrieren sich also voll auf seine Stimme.

Nun kennen Sie beim Beschwerdemanagement den Anrufer zwar nicht, dennoch gilt: Der Ton macht die Musik.

5.1 Am Telefon

Achten Sie beim Telefonat darauf: Was „meint" der Partner, wenn er spricht? Was betont er? Was bedeutet es, wenn er eine Pause macht?

Bei einem Experiment mit Seminarteilnehmern haben wir festgestellt, dass ihre Fähigkeit, „zwischen den Zeilen zu hören", erstaunlich gut war, wenn sie bewusst aktiviert wurde. Wir präsentierten einige O-Tonaufnahmen vom Beginn verschiedener Gespräche und fragten die Seminarteilnehmer nach ihrer Einschätzung. Sie beschrieben sehr präzise, was ihnen alles auffiel, und waren überrascht, wie zutreffend ihr erster Eindruck war.

Zwischen den Worten hören

Übung 13:
Stimmen sind nicht nur laut und leise, sondern klingen ängstlich, hektisch, traurig, gepresst, munter, gelangweilt, aggressiv, monoton, voll, weich, hart, verschnupft, heiser, näselnd, rau, rund, flach, fröhlich, sich überschlagend, energisch, müde, glücklich usw. Sprechen Sie einmal folgenden Satz bewusst in jeder einzelnen gerade genannten Stimmlage: „Heute geht es mir richtig gut, heute ist ein schöner Tag."

Es ist immer wieder überraschend, was wir mit unserer Stimme alles ausdrücken können. Aber sie braucht entsprechende Pflege, dann erst schwingt der ganze Resonanzkörper.

Stimmtraining für Vieltelefonierer vor dem Telefonieren:

- Atmen Sie aus dem Bauch heraus; legen Sie dabei Ihre Hand auf den Bauch.
- Gähnen Sie ausgiebig und bewegen Sie dabei den Mund in alle Richtungen zur Dehnung der Kiefermuskulatur.
- Kauen Sie einen Kaugummi, oder stellen Sie sich vor, Sie hätten einen dicken Kaugummi im Mund, auf dem Sie herumkauen.
- Stellen Sie sich vor, der Kaugummi sei an verschiedenen Stellen festgeklebt und Sie müssen ihn mit der Zunge lösen.
- Summen Sie mit weich zusammengepressten Lippen und fügen Sie der Reihe nach alle Vokale an (ma, me, mi, mo, mu, mau, mei, meu).

Die Stimme „ölen"

- Lesen Sie einen kurzen Text, indem Sie die Worte ganz weit vorn überakzentuiert mit übertriebenen Lippenbewegungen aussprechen.

Nach ein wenig Training werden Sie feststellen, wie locker Ihre Muskulatur, wie sauber Ihre Artikulation und sympathisch Ihre Stimme durch diese Tipps aus dem Schauspielunterricht und der Logopädie werden.

3. Ihre Wortwahl

Wortwahl – bei Telefonaten besonders wichtig

Bei Telefonaten spielen die Feinheiten in der Sprache eine größere Rolle als von Angesicht zu Angesicht.

Vermeidung von Negationen
Nicht: „Da können wir nichts machen."
Sondern: „Mir sind da leider die Hände gebunden, ich kann Ihnen aber Folgendes anbieten …"

Eigenverantwortung statt Anklagen:
Nicht: „Da haben Sie mich falsch verstanden."
Sondern: „Da habe ich mich vielleicht falsch ausgedrückt."

Verständnis statt Belehrungen
Nicht: „Sie müssen den Fehler schon ein bisschen genauer erklären, ich habe gerade gar nichts verstanden."
Sondern: „Ah, jetzt habe ich verstanden, was Sie genau meinen."

Wertschätzend zitieren statt eigene Interpretationen
Nicht: „ Sie wollen also die Geschäftsbeziehung beenden."
Sondern: „Sie sagten vorhin zu Recht, so geht's nicht weiter! …"

Bewusster Umgang mit Füll- und Funktionswörtern
Füllwörter (Partikeln) tauchen in der gesprochenen Sprache vermehrt auf: wohl, eben, doch, aber, auch, eigentlich, ja, nämlich, ruhig etc. Sie können positiv wie negativ wirken. Testen Sie Ihr Bewusstsein für diese scheinbar unbedeutenden Wörter.

5.1 Am Telefon

Übung 14:
Lesen Sie bitte die folgenden Beispiele einmal laut mit Füllwort und einmal ohne Füllwort. Notieren Sie dahinter, welche Bedeutung Sie ihnen in diesem Kontext geben.
Ein Beispiel:
„Sie haben vorher nicht gemessen." (Feststellung)
„Sie haben vorher *wohl* nicht gemessen." (Vermutung)

„Das ist *eben* ein High-End-Gerät." _____

„Das ist *doch* nicht schwer." _____

„Da haben Sie *aber* auch ein Problem." _____

„Ich habe *eigentlich* nur wissen wollen, ob…" _____

„Der PC ist *ja* mehr als drei Jahre alt." _____

„Das ist *nämlich* unser bester Techniker." _____

„Erzählen Sie *ruhig* weiter, ich höre Ihnen zu." _____
(Lösungsvorschlag S. 172)

Es geht übrigens keineswegs darum, Füllwörter zu vermeiden, ohne Partikeln würden Ihre Telefonate unnatürlich klingen; es geht vielmehr darum, sich ihrer Wirkung bewusst zu sein.

Nutzen Sie den in Kapitel 3.1 vorgestellten Gesprächsleitfaden und die Checklisten in Kapitel 6.4, um Ihre Gespräche zielorientiert und gut strukturiert zu führen. Rekapitulieren wir kurz die wichtigsten Punkte der professionellen Behandlung von telefonischen Beschwerden:

Nutzen Sie einen Gesprächsleitfaden

Phasen des Beschwerdegesprächs

1. Gesprächseröffnung
2. vorstellen
3. aktiv und konzentriert zuhören
4. sachlicher Hintergrund und emotionale Betroffenheit
5. den emotionalen Knoten lösen; Verständnis ausdrücken

6. einschränkend entschuldigen, Fehler eingestehen
7. sachliches Problem genau erfassen und zusammenfassen
8. gemeinsame Lösung suchen, Lösung mündlich bestätigen
9. nächste Schritte festlegen (zum Beispiel nach dem Telefonat schriftliche Bestätigung zusenden)
10. bedanken und verabschieden

Das folgende positive Gespräch zwischen einem Bankmitarbeiter und einem unzufriedenen Kunden wurde einer wissenschaftlichen Publikation entnommen (Haase et. al., 2003, 16 ff.); wir haben es zur besseren Lesbarkeit für unsere Zwecke modifiziert.

Kundencoach: „Willkommen bei ... Mein Name ist ... Was kann ich für Sie tun?"
(Prüfung der Geheimzahl)

Kunde: „Ich habe da wieder ein Problem mit Ihnen..."

Kundencoach: „O Gott..." (aktiv zuhören, humorvolle emotionale Betroffenheit)

Kunde: „Nein, nicht mit Ihrer Person, sondern mit Ihrer Bank, und zwar ..." (korrigiert sich gleich, schildert Problem)

Kundencoach fragt nach dem sachlichen Hintergrund und hört zu.

Kunde: „Das ist jetzt natürlich blamabel für Ihre Firma..."

Kundencoach: „So wie es sich anhört, haben wir Ihnen da wirklich eine falsche Auskunft gegeben..." (einschränkend Fehler eingestehen)

Kunde: „... richtig und jetzt geht's weiter..." (fühlt sich bestätigt und fährt fort). „So kann es nicht weitergehen. Das war nicht das erste Mal, dass solche Dinge passieren, deswegen hat man ja Gründe, wenn man solche Aktien verkaufen möchte..." (formuliert indirekt seine Drohung mit Konsequenzen)

Kundencoach: „Also ich finde es sehr schade, Herr ..., ich würde mich gerne der Sache annehmen..." (drückt deutlich

sein persönliches Bedauern und sein Angebot aus mit Verantwortungsübernahme)
(Emotionalen Knoten lösen, Verständnis zeigen)

Kunde holt noch einmal aus.

Kundencoach bestätigt verständnisvoll: „Also das darf eigentlich nicht sein …" (bestätigend, verteidigend)

Kunde: „Und es darf nicht sein, dass …" (weiterer Vorwurf)

Kundencoach: „Das ist nicht Sinn der Sache …" (bestätigt)

Kunde schildert weiter seinen Ärger.

Kundencoach (unterbricht in einer Atempause und fasst zusammen): „Ich werde das jetzt klären für Sie, Herr …, und wenn sich herausstellt, dass wir da einen Fehler begangen haben, dann werden wir das auch auf unsere Kappe nehmen müssen …" (einschränkend entschuldigen, Übernahme der Verantwortung)
(Gemeinsame Lösung und nächste Schritte werden mündlich festgehalten)

Kundencoach: „Sie haben das sehr detailliert geschildert, Herr … Anhand dieser Daten tue ich mich dann auch sehr leicht, für Sie eine Klärung zu finden …" (Lob für Hilfe des Kunden zur Lösung)

Kunde: „… Das sind ja gewisse Verbesserungsvorschläge, die ich auch schon gemacht habe …" (Kunde erläutert Vorschläge)

Kundencoach: „Ich bedanke mich recht herzlich für die Vorschläge, die Sie gemacht haben, und werde diese ganzen Punkte an die verantwortlichen Stellen weiterleiten …" (wiederholt Lob, Dank)

Kunde: „Ich danke Ihnen, O.K., alles klar, schönen Abend noch."

Kundencoach: „Ich danke Ihnen."

> Mögliche Zusatzfrage am Ende von Beschwerdegesprächen:
> „Kann ich sonst noch etwas für Sie tun?" (Cross-Selling-Ansatz)

Halten wir fest: Das Telefon ist immer noch der wichtigste Kommunikationskanal. Investieren Sie daher in Ihre Telefonorganisation, Ihre Stimme und Sprache, denn sie werden einen Großteil Ihres Erfolgs im Beschwerdemanagement bestimmen.

5.2 Per Brief

Wer zur „Feder" greift, will Beachtung ...

Erfolgt eine Beschwerde auf schriftlichem Weg, bedeutet dies für den Kundencoach: Der Absender will sicherstellen, dass seine Beschwerde nicht in einem Meer von flüchtigen Informationen untergeht. Denn ca. 50 Prozent aller telefonischen Beschwerden werden nicht vollständig erfasst, 18 Prozent werden gar nicht festgehalten (Innovations report, 2005).

Dieser Weg kostet Zeit, Mühe und Geld. Meist wird er gewählt, wenn einem Kunden so viel Negatives widerfahren ist, dass das Fass übergelaufen ist. Häufig wird das Schreiben direkt an die Geschäftsleitung adressiert, um sie über Missstände bei der Kundenberatung oder beim Lieferservice aufzuklären.

... und Ansprüche geltend machen

Ein zweiter wichtiger Grund für die Wahl dieses Kommunikationskanals ist die schriftliche Dokumentation, um eine Reklamation und damit verbundene Ansprüche geltend zu machen.

Meist kommt beides zusammen: großer Ärger oder Enttäuschung als emotionaler Aspekt und die Anmeldung von Ansprüchen als sachlicher Aspekt, den es zu prüfen gilt.

Folgende Aspekte sind für Ihre professionelle Reaktion wichtig:

Zeitinvestition

1. Der Verfasser des Briefs hat in der Regel mindestens eine Stunde Zeit investiert, um Unterlagen zusammenzustellen, den Vorgang

5.2 Per Brief

möglichst präzise und plastisch zu schildern und um seinen Ärger in Worte zu fassen.

2. Der Brief wird meist von mindestens einer weiteren Person „Korrektur" gelesen, die klären soll, ob man ihn so abschicken kann. Wer gern schreibt und sicher formuliert, liest seinen Mitmenschen vielleicht ein paar besonders gelungene Passagen vor. Der Multiplikatoreffekt ist hier besonders hoch, weil man durch die schriftliche Argumentation seine Unzufriedenheit flüssig auszudrücken vermag und diese gerne anderen mitteilt.

Multiplikatoreffekt besonders hoch

3. Oft ist der Brief der letzte Versuch, nachdem alles andere nicht gefruchtet hat. Ein Brief hat also auch eine ultimative Bedeutung: Eine Androhung von Konsequenzen, ein Zeitlimit oder eine Schadensersatzforderung werden schriftlich fixiert.

Ultimativer Charakter

Daher ist es unabdingbar, dass Briefe sehr zügig und sorgfältig behandelt werden. Gerade bei Briefen an die Geschäftsleitung besteht die Gefahr, dass sie zunächst in der Ablage verschwinden, weil die Assistenten der Geschäftsleitung keine Dringlichkeit sehen. Oder sie wollen nicht als Überbringer schlechter Nachrichten Auslöser für die schlechte Laune des Chefs sein. Ganz deutlich muss „top down" kommuniziert werden, dass Briefbeschwerden eine sogenannte A-Priorität besitzen, also wichtig und dringlich sind, damit sie nicht unter dem Briefbeschwerer landen.

Tipps für den Umgang mit Beschwerdebriefen:
1. Nehmen Sie sich innerhalb von 24 Stunden nach Erhalt des Briefes Ihrerseits die Zeit, den Fall so weit zu klären, dass eine erste Stellungnahme möglich ist.
2. Diese sollte durch eine Person in leitender Funktion erfolgen, die für die Klärung die Verantwortung übernimmt.
3. Nehmen Sie telefonischen Kontakt auf, es ist (abgesehen vom Besuch) der schnellste und persönlichste Weg zum Kunden.
4. Falls Sie Ihren Ansprechpartner nicht zeitnah erreichen, schreiben Sie ihm.
5. Nutzen Sie Standards und Textbausteine, aber individualisieren Sie Ihre Antwort entsprechend den von Ihnen „zwischen den Zeilen" erkannten Botschaften.

6. Falls Sie im Telefonat und nach genauer Prüfung zu der Entscheidung kommen, die Reklamation als unberechtigt abzuwehren, wählen Sie partnerschaftliche Formulierungen und suchen Sie nach einem fairen Angebot hinter dem „Nein".
7. Falls Sie den Kunden gesprochen haben und mit ihm zu einer Lösung gekommen sind, bestätigen Sie Ihre Vereinbarung schriftlich.
8. Schicken Sie nach einigen Wochen einen „Nachbrenner", ein Schreiben, in dem Sie den Kunden fragen, ob er mit der Lösung zufrieden ist.

Vier Arten von Antwortschreiben

Geht es um die schriftliche Reaktion auf einen Beschwerdebrief, so lassen sich vier Arten von Antwortschreiben unterscheiden: die Eingangsbestätigung, das Entschuldigungsschreiben mit Lösung, die freundliche Absage und die Nachbetreuung.

Eingangsbestätigung

Eine *Eingangsbestätigung* müssen Sie hoffentlich nicht allzu oft versenden, denn sie ist ein Zeichen dafür, dass die Prozesse in Ihrem Hause noch optimiert werden können. Hier besteht ein großer Unterschied zur Reaktion auf eine E-Mail, bei der eine automatisch generierte Eingangsbestätigung zum guten Service gehört. Eine Eingangsbestätigung für briefliche Beschwerden verschicken Sie dann, wenn Sie nicht gleich eine klärende Antwort schreiben oder ein Telefonat führen können. Sie sollte innerhalb von einem Arbeitstag rausgehen.

Und so könnte eine Eingangsbestätigung zum Beispiel aussehen:

Sehr geehrter Herr ...,

vielen Dank für Ihr Schreiben vom ....

(Bei telefonischer Nicht-Erreichbarkeit: Gerne hätte ich Sie telefonisch erreicht, denn vieles lässt sich im persönlichen Gespräch leichter klären.)

Mein Name ist ..., ich bin die Teamleiterin vom Bereich xy und für Ihr Anliegen die zuständige Ansprechpartnerin.

Den Ihnen entstandenen Ärger bedauere ich sehr, ich habe alles in die Wege geleitet, um zu einer schnellen Klärung zu kommen. Ich melde mich spätestens bis zum ... bei Ihnen, damit wir eine Lösung finden.

Sie können mich auch gern anrufen; Sie erreichen mich täglich von ... bis ... unter der Telefonnummer ...

Ich wünsche Ihnen noch eine angenehme Woche.

Mit freundlichen Grüßen nach ... (Wohnort des Empfängers)

Der brieflich zugesicherte Termin ist verbindlich; sollte jedoch etwas dazwischenkommen, ist noch ein Zwischenbescheid notwendig.

Aus Kundensicht ist es wünschenswert, statt einer Eingangsbestätigung und eventueller weiterer Zwischenbescheide gleich ein *Entschuldigungsschreiben mit Lösung* zu bekommen. Auch für diese Briefform möchten wir Ihnen einige Formulierungsvarianten anbieten:

Entschuldigungsschreiben mit Lösung

Sehr geehrte Frau ...,

- *vielen Dank, dass Sie sich die Zeit genommen haben, uns auf ... (Mängel) hinzuweisen.*
- *Ich danke Ihnen ganz herzlich für Ihre offene Schilderung Ihrer Erfahrungen im Bereich ...*
- *Wir bedauern sehr, dass Ihnen dadurch Schwierigkeiten entstanden sind, und entschuldigen uns aufrichtig dafür.*
- *Sie schreiben, ..., und ich muss Ihnen recht geben. Es tut uns leid, dass dies passieren konnte ...*
- *Wir schlagen vor ...*
- *Wir bieten Ihnen folgende Lösung an ...*
- *In unserem Telefonat/Gespräch vom ... haben wir Folgendes vereinbart:*

Wir werden Ihnen in den nächsten ... Tagen ...
1.
2.
3.

oder
- *Wir nehmen … zurück und senden stattdessen …*

oder
- *Wir reduzieren … und korrigieren die Rechnung vom … entsprechend*

oder
- *Sie senden uns … bis zum … zurück und wir schreiben Ihnen den Betrag … gut.*

Frau …, wir schätzen Sie als neue/langjährige Kundin. Geben Sie uns die Chance, das … zu korrigieren/wiedergutzumachen …

Mit freundlichen Grüßen

Vorname Nachname

Was Sie nach dem eigentlichen Brief als Postscriptum platzieren, findet besondere Aufmerksamkeit. Nutzen Sie diesen Raum für einen herzlichen Zweizeiler und überlegen Sie, womit Sie Ihrem Kunden eine Freude bereiten können.

Ein Beispiel: Der Geschäftsführer eines Möbelhauses entschuldigte sich aufrichtig in aller Form am Telefon, anschließend erfolgte noch ein persönliches Anschreiben mit Bestätigung der vereinbarten Lösung. Er legte dem Kunden außerdem für ihn und seine Familie einen hübsch gestalteten Gutschein für einen Restaurantbesuch im Möbelhaus bei.

Und sein P.S. lautete: „Am … ist bei uns ‚Tag der offenen Tür'. Gern zeigen wir Ihnen und Ihren Angehörigen das Unternehmen persönlich. Rufen Sie mich an!"

Denken Sie bei dem Entschuldigungsschreiben unbedingt auch an den Multiplikatoreffekt.

Freundliche Absage — Wenn Fakten, Aufwand und Kosten nach sorgfältiger Prüfung jedoch gegen eine Kulanzlösung sprechen, bedarf es einer wertschätzend formulierten Absage. Nach dem Motto: „Freundlich zur Person, klar in der Sache."

5.2 Per Brief

Ein entsprechendes Schreiben kann beispielsweise so aussehen:

Sehr geehrter Herr …,

vielen Dank für Ihr Schreiben vom …, in dem Sie den Austausch von … wegen … fordern.

Sie haben sich die Mühe gemacht, den genauen Sachverhalt ausführlich zu schildern. Nur wenige Kunden nehmen sich dafür die Zeit. Wir sind Ihnen besonders dankbar dafür, denn nur so können wir unsere Prozesse im Hause verbessern.

Optional:
So haben wir … geändert und Sie können jetzt …

Da bei Ihrem … die Garantiezeit bereits über zwei Jahre abgelaufen ist, können wir Ihnen die Reparatur nur gegen eine Kostenbeteiligung Ihrerseits anbieten.
(Angebot)

Wenn Sie damit einverstanden sind, bieten wir Ihnen als besonderen Service an, das Gerät kostenlos bei Ihnen zu Hause abzuholen. Sie sparen sich die Zeit und den Weg zu uns!

Unser Dankeschön für Ihren Mut, uns Ihre Meinung zu sagen!

Mit freundlichen Grüßen

Ähnlich wie ein ausgezeichneter After-Sales-Service eine positiv verstärkende Wirkung besitzt, gilt dies auch für einen *After-Complaint-Service*, also für die *Nachbetreuung*. Was für eine positive Überraschung, wenn ein Kunde einige Wochen nach einem Entschuldigungsschreiben mit Lösung einen Anruf oder ein Schreiben erhält, in dem seine Zufriedenheit erfragt wird.

Nachbetreuung

Dazu ebenfalls ein Beispiel:

Sehr geehrter Herr …,

wir hoffen, dass Sie weiterhin mit … zufrieden sind. Wir sind froh, dass wir Sie als Kunden behalten/gewinnen konnten, und wünschen Ihnen weiterhin viel Freude mit …

Haben Sie weitere Anregungen für uns? Rufen Sie uns an, wir freuen uns!

Mit freundlichen Grüßen

Zusammenfassend können wir festhalten: Brieflich geäußerte Beschwerden sind Gold wert. Aber man muss als Kundencoach und Unternehmen bereit sein, genau hinzugucken. In jedem Brief finden Sie mindestens einen Hinweis auf eine Schwachstelle. Manchmal steckt der Verbesserungsvorschlag in einem Nebensatz, manchmal ist der ganze Brief eine Offenbarung, für die man erst einmal aufwendige Testkäufe betreiben oder einer Unternehmensberatung viel Geld zahlen müsste.

5.3 Per E-Mail

In den vorangegangenen Kapiteln haben wir Ihnen empfohlen, Versprechungen, telefonische Terminvereinbarungen, Absprachen und Zusagen schriftlich zu bestätigen, und dies möglichst schnell.

Heute ist eine E-Mail als schnelles und unkompliziertes Kommunikationsmittel durchaus anerkannt und wird oft explizit („Senden Sie mir doch schnell eine E-Mail") gewünscht. In solchen Fällen benutzen wir selbstverständlich das E-Mail-System.

Die modernen CRM-Systeme unterstützen den Kundencoach dabei, indem sie Antwortmuster mit vorgefertigten Textbausteinen liefern, die er nur noch um die entsprechenden Kundendaten ergänzen muss.

| E-Mail: für den Kunden praktisch | Wie verhält es sich beim Eingang von Beschwerden per E-Mail? Im Unterschied zur Briefform ist die Kommunikation per E-Mail weniger förmlich, weniger zeit- und kostenaufwendig. Zwar kostet das Verfassen einer E-Mail auch Zeit, doch gegenüber dem Brief ist die elektronische Kommunikation ein schneller, bequemer – man muss nicht zum Briefkasten gehen – und kostengünstiger Weg.

5.3 Per E-Mail

Für den Kunden bietet die E-Mail den großen Vorteil, dass er nicht Zeit und Geld mit einer oft kostspieligen Hotline verschwendet, er ist unabhängig von der Erreichbarkeit des Empfängers – zum Preis einer zeitversetzten Antwort.

Auch die psychische Anstrengung ist geringer, da sich der Kunde keiner ihm unangenehmen kritischen Gesprächssituation aussetzt. Daher wird dieser Beschwerdeweg insbesondere von Kunden bevorzugt, die zielorientiert eine Lösung suchen und nicht viel Zeit verlieren wollen. Diese Klientel wird künftig wachsen.

Der Kanal der Zukunft

So ist bei IT-Anwendungen (z. B. neuen Software-Programmen) ein fast ausschließlicher Kontakt per E-Mail bereits gang und gäbe.

Die Inhalte von Beschwerde-E-Mails sind bunter und vielfältiger: von einem technischen Hilferuf über einen abfälligen Kommentar zu einer Bedienungsfunktion bis hin zur wütenden Beschimpfung. Denn eine E-Mail ist relativ schnell geschrieben, die Ausdrucksweise ist umgangs- und fachsprachlich, eine korrekte Rechtschreibung spielt keine Rolle: „schreiben" und „senden" sind nur einen Klick voneinander entfernt. Doch wie zuordnen und der Informationsflut Herr werden?

Ein sogenanntes Trouble-Ticket-System kann hier Abhilfe schaffen, indem es schnell identifiziert, ob es sich um eine Störung, eine Anfrage, einen Änderungswunsch oder um einen Wunsch nach Anwendungsunterstützung beziehungsweise Funktionserweiterung handelt, und entsprechend zuordnet.

Trouble-Ticket-System

Eine automatische Antwort, Autoreply-Funktion, informiert den Absender binnen Sekunden nach Absenden, dass seine E-Mail eingetroffen ist und sie entsprechend weiterbearbeitet wird. Sie kann zum Beispiel folgendermaßen aussehen:

Diese E-Mail wurde maschinell erstellt und versandt.
Lieber XY-Kunde (noch besser: persönliche Anrede)
vielen Dank für Ihre E-Mail.

Wir haben Ihre Anfrage erhalten und werden Ihr Anliegen umgehend bearbeiten. Sie erhalten von uns in Kürze eine Antwort.

Ihre E-Mail wurde mit einer Nummer versehen. Diese finden Sie im Betreff. Bitte beziehen Sie sich bei weiteren E-Mail-Anfragen auf diese Nummer.

Auch hier bedeutet „in Kürze": maximal drei Werktage.

Hemmschwelle für Beleidigungen niedriger

E-Mail-Beschwerden richten sich häufig an anonyme Empfänger. Diese anonyme Adressierung senkt die Hemmschwelle für Beleidigungen. So vergessen einige Absender – gerade wenn es um Internet- oder PC-Fehler geht – mit zunehmender Frustration das Gebot der Höflichkeit. Wie reagieren? Interessanterweise fällt es im Gegensatz zu einem Brief oder Telefonat nicht schwer, bei einer beleidigenden Äußerung einfach so zu tun, als hätte man nichts bemerkt. Denn der Empfänger weiß hier nur zu gut, dass nicht er persönlich gemeint ist. Natürlich hat alles seine Grenzen, doch bei diesem Medium verlaufen sie fließend.

Grundsätzlich gilt auch hier die Devise: Verständnis zeigen, sich entschuldigen und eine Lösung herbeiführen.

Sollten sich Beschwerden zu einer bestimmten Anwendung oder einem Produkt massiv häufen, ist eine entsprechende Krisen-PR dringend zu empfehlen. Eine Möglichkeit ist es, das Problem auf der eigenen Website zu schildern und zeitnah neue Informationen dazu einzustellen. Andernfalls könnte ein „Blogsturm" drohen (vgl. Kapitel 5.4).

E-Mail-Schreiber erwarten schnelle Lösungen

Kunden, die ihre Beschwerde per E-Mail übermitteln, sind technisch aufgeschlossen und nutzen diese bequemen, kostensparenden Möglichkeiten. Sie erwarten eine zügige Beantwortung ihrer Mails. Darauf sind die Unternehmen in der Regel vorbereitet, sie reagieren schnell und der Kunde wird zur Mitarbeit an der Lösung eingebunden.

Wenn jedoch das Prozedere ins Stocken gerät, weil der Kunde mit der erhaltenen Antwort unzufrieden ist oder sie ihm nicht weiterhilft, heißt es: schnell zum Hörer greifen! Denn der beste Weg, einen verärgerten Kunden zu besänftigen, ist die rasche telefonische Kontaktaufnahme. Dafür ist die schnelle Klärung der Telefonnummer und der Erreichbarkeit per Mail unabdingbar.

Ein Beispiel: Ein Kunde meldet seiner Versicherung per E-Mail einen Schadensfall. Die Versicherung antwortet sofort mit einer Verfahrensnummer. Zwei Tage später erhält der Kunde die Aufforderung, sich an die Hotline-Nr. xy zu wenden und den Schadensfall zu melden. Dies tut er auch, wobei er jedoch feststellen muss, dass die Hotline über mehrere Stunden nicht besetzt ist. Daraufhin beschwert sich der Kunde über diese etwas merkwürdige Form der Kundenbetreuung. Die Versicherung reagiert zeitnah: Am darauffolgenden Tag wird er angerufen und zwei Tage später erhält er zusätzlich ein Schreiben.

Fazit: Das Zusammenspiel von Medien und kompetenten Mitarbeitern ist heute das A und O. Die E-Mail wird insbesondere durch die Möglichkeit des Scannens und der qualifizierten elektronischen Signatur zunehmend die briefliche Kommunikation verdrängen.

5.4 Im Internet

Vermutlich ist das Internet die wichtigste Kommunikationsplattform der Zukunft. Wir wollen hier darauf eingehen, welche Möglichkeiten der Meinungsäußerung das Netz Beschwerdeführern bietet und wie Sie und Ihr Unternehmen am besten reagieren.

Stellen Sie sich vor, ein unzufriedener Kunde ist so verärgert, dass er in seinem Weblog (eine Art Tagebuch im Internet, auch „Blog" genannt) seine Leidensgeschichte detailliert ins Netz stellt – mit namentlicher Nennung des Servicemitarbeiters, der Pressesprecher und des Vorstandes für Service und Vertrieb einschließlich Foto mit der Überschrift: „Und dieser Mann ist der Verantwortliche". Das glauben Sie nicht? Hier eine Kostprobe direkt aus dem Internet:

Weblog

> „Gestern Abend: Nach einer Viertelstunde endlich bei der 0800-Nummer durchgekommen. Eine neue Mitarbeiterin, Frau Meier*. Die sagt mir, mein Auftrag stecke im System fest, sie käme da nicht dran. Ich frage, wer mir helfen kann. Sie sagt, sie nicht. Ich frage, wer, wenn nicht die Pfefferminzia*. Sie ist ratlos, macht mir aber den Vorschlag, mir doch einfach eine neue Nummer zu geben …
>
> Ich hätte wetten können, dass das Versprechen der Pfefferminzia-Mitarbeiterin gestern, mich zurückzurufen, Teil der Pfefferminzia-Hinhaltetaktik ist. Sie hat natürlich nicht zurückgerufen. Über die Servicenummer erreicht man natürlich auch niemanden. Alle Mitarbeiter sind im Gespräch.
>
> Pfefferminzia mag nämlich Kunden nicht zufriedenstellen. Anlügen (wie bei mir) ist wohl einfacher. Keiner hat mich zurückgerufen. Kein Auftrag ist erstellt worden. Es gab keine E-Mail. Es gab keinen Termin …
>
> Lieber Udo*, Du bist Pressesprecher (des Unternehmens) für den Bezirk xy. Du hast eine Tel.-Nr., aber keine E-Mail-Adresse …
>
> Und dieser Mann ist der Verantwortliche (Foto).
>
> Max Schmitt* wird Vorstand der Pfefferminzia und verantwortet Vertrieb & Service."
>
> (*) Namen wurden von uns geändert.

Erhebliche Rufschädigung möglich

Wenn dieser unzufriedene Kunde Produktmanager für den Bereich Multimedia bei der Onlineausgabe einer großen Tageszeitung ist und seine Website sozusagen als offenen Brief nutzt, ist Gefahr im Verzug. Denn unzählige Menschen werden seine Kommentare lesen und gern ergänzen oder kopieren und in ihren Netzen weiter verbreiten.

Wie immer man das sehen mag, ob als feige Denunziation, mutige Selbstwehr, Versuch des Aufrüttelns und Änderns oder rhetorischen Blattschuss – es kann Ihr Unternehmen empfindlich treffen.

5.4 Im Internet

In dem Artikel „Tagebücher auf Speed" im Wirtschaftsmagazin *Brandeins* wird beschrieben, wie man durch die „Wunderdroge der Öffentlichkeitsarbeit" einen „PR-GAU" erleiden kann:

In einem Weblog wurden die Geschäftsbedingungen eines Klingeltonanbieters humorvoll-sarkastisch kritisiert, dies löste viele Kommentare Gleichgesinnter aus. Die Angegriffenen reagierten:

„Gleich mehrmals erschienen Kommentare bei spreeblick.de, die plump für Jamba Partei ergriffen. Dumm nur, dass ihre IP-Adresse leicht zurückverfolgt werden konnte – zu Rechnern der Klingelton-Verkäufer. Ein gefundenes Fressen für die Blog-Community, die das stümperhafte Vorgehen genüsslich im Web ausbreitete." Was folgte, war ein „Blogstorm", der das Unternehmen heute noch verfolgt. (Spielkamp, 2005, 79)

Bei 31 Millionen Weblogs weltweit ist es für Unternehmen übrigens nicht sinnvoll, den eigenen Mitarbeitern das Bloggen zu verbieten, besser ist es, die Teilnahme der Angestellten zu kontrollieren. Dazu gehören etwa Vereinbarungen mit den Mitarbeitern, bestimmte Richtlinien einzuhalten und sich nicht anonym zu äußern.

Doch das Internet bietet viele weitere Wege, um seinem Unmut Luft zu machen, so beispielsweise die Meinungsforen:

Einkaufsberater

Das beginnt schon beim Erwerb eines Produktes mithilfe von Einkaufsplattformen (Ciao.com, Dooyoo.de, Hitwin.de), die Unterstützung bei der Kaufentscheidung anbieten. Dort können Kunden Meinungen und Erfahrungsberichte aus Konsumentensicht lesen und selbst veröffentlichen. Die Praxisberichte werden von anderen Benutzern geschrieben, die die Stärken eines Produkts partnerschaftlich-beratend detailliert schildern und die Mängel gnadenlos brandmarken. Denn im Web dürfen sie subjektiv werten und (ver-)urteilen.

Communities

In zahllosen Foren und Chatrooms kann man sich austauschen und natürlich auch Tipps und Empfehlungen geben, das eine oder andere Produkt besser nicht zu kaufen.

Die virtuellen Plattformen entwickeln eine beachtliche Wirkung: Interessant ist dabei – und nur so funktioniert das Ganze –, dass die Leser sich gegenseitig Glauben schenken und die Tipps als nützlich empfinden.

Hier treffen Ratsuchende auf freiwillige Helfer und Retter, die ihnen oft viel Zeit schenken, um Fragen zu beantworten und Lösungen anzubieten. Wer schon einmal an einem Softwareproblem oder Ähnlichem verzweifelte, weiß, wie dankbar man für gute Tipps und den Dialog im Netz ist.

Einrichtung einer Beschwerdeseite

Welche Konsequenzen sollten nun die Firmen daraus ziehen? Große Unternehmen mit hohem Beschwerdeaufkommen sollten sich überlegen, ob sie eine extra Beschwerdeseite in ihren Internetauftritt integrieren. So können sie proaktiv negativer Internet-Mundpropaganda zuvorkommen, indem sie auf ihrer Website ein Forum zur Bearbeitung von Beschwerden einrichten. Diese Seite muss intensiv betreut und für interne Verbesserungsprozesse genutzt werden. Nach außen hat sie den großen Vorteil von Transparenz und direkter Kommunikation mit dem Kunden. Darüber hinaus gewinnt das Unternehmen einen Schatz von Anregungen „aus erster Hand".

Beschwerde-E-Mail

Wenn heute jeder eBay-Verkäufer per E-Mail erreichbar ist, sollte jedes Unternehmen in der Lage sein, mindestens eine schnell auffindbare E-Mail-Adresse für Beschwerden einzurichten mit der Zusicherung, diese innerhalb von 24 Stunden zu beantworten.

Ihre Verantwortung

Wenn Sie als Kundencoach auch nach Feierabend noch freimütig erzählen möchten, wo Sie arbeiten und was Sie dort tun, und keinen Hohn ernten wollen, dann müssen Sie Ihren Job exzellent erledigen. Aber das genügt nicht: Solange wir nicht begreifen, dass der Kunde nur zufriedenzustellen ist, wenn alle Beteiligten gute Arbeit leisten und wir uns auch an unsere Versprechen halten, so lange machen wir unsere Arbeit nur „irgendwie".

Wer in seinem Unternehmen links und rechts Defizite feststellt, die seine Arbeit erschweren oder sogar zunichte machen, sollte nicht wegschauen, sondern sie adressieren. Ein gut funktionierendes Intranet ist dazu hilfreich, aber entbindet Sie nicht von Ihrer Verantwortung, dieses auch mit wichtigen Informationen zu füllen.

Das Vorschlagswesen mit KVP erlebt zu Recht eine Renaissance, weil die besten Ideen von den Menschen kommen, die sich an der Schnittstelle zum Kunden befinden.

Verbesserungen können von außen initiiert, aber nur von innen verwirklicht werden.

Meine Erkenntnisse in diesem Kapitel:

_____

_____

_____

Was kann ich tun, um diese Erkenntnisse für mich und mein Unternehmen nutzbar zu machen?

_____

_____

_____

6. Beschwerden systematisch und strategisch managen

In den vorangegangenen Kapiteln konnten Sie erfahren, wie man eine Beschwerde professionell behandelt und sie dann – unter Benutzung unterschiedlichster Medien – bearbeitet. Im folgenden Kapitel möchten wir Ihnen aufzeigen, wie man diese Beschwerden strategisch nutzt und systematisch managt.

Jeder einzelnen Beschwerde nachgehen

Wenn in einem Unternehmen einige Beschwerden eingegangen sind, heißt das nicht zwangsläufig, dass der Kundenservice unzureichend ist. Andererseits sind ausbleibende Beschwerden kein Zeichen dafür, dass alles in Ordnung ist. Das genau gilt es zu unterscheiden. Wenn Sie an einer langfristigen Kundenbindung interessiert sind, dann gehen Sie jeder Beschwerde auf den Grund und geben ihr einen ebenso hohen Stellenwert wie einem Neuabschluss.

Voraussetzung: professionelle Software

Die reine Verwaltung und technische Bearbeitung der Beschwerden sind heute bei Weitem nicht mehr ausreichend. Auch wenn Beschwerdemanagement nicht im Computer beginnt, sondern in den Köpfen der Mitarbeiter, ist in größeren Unternehmen die Integration in eine CRM-Strategie und in die technischen CRM-, ERP- oder SCM-Strukturen (siehe Lexikon, Kapitel 9) heute eine zwingende Voraussetzung für ein systematisches unternehmensweites und wohlstrukturiertes Beschwerdemanagement. Die Nutzung der Analyseergebnisse für ein proaktives Qualitätsmanagement ist mitentscheidend für eine erhöhte Kundenzufriedenheit und -bindung.

6.1 Beschwerden systematisch annehmen, bearbeiten und auswerten

Für viele Unternehmen ist es daher von großem Nutzen, ein systematisches und integriertes Beschwerdemanagement einzuführen oder wenigstens ihre bisherigen Ansätze dementsprechend auszubauen.

> Ein Unternehmen lebt nicht von dem, was es produziert oder als Dienstleistung anbietet, sondern von dem, was es verkauft!

6.1 Beschwerden systematisch annehmen, bearbeiten und auswerten

Zunächst sei noch einmal ausdrücklich betont: *Eine Beschwerde ist keine Störung, sondern eine erwünschte Rückmeldung.*

Ein systematisches Beschwerdemanagement sorgt dafür, dass der Kunde mit seiner Unzufriedenheit ernst genommen wird, und sucht schnellstmöglich nach einer angemessenen Lösung. Beschwerden zu erhalten, zu bearbeiten, auszuwerten und sukzessive die Kundenzufriedenheit zu verbessern hat für jedes Unternehmen strategische Vorteile.

Was muss ein Unternehmen dabei berücksichtigen? Der vielleicht wertvollste Tipp: Wenn Sie Beschwerdemanagement ernst nehmen und einführen wollen, dann brauchen Sie einen Beschluss der Unternehmensleitung, der auch vom Betriebsrat (sofern vorhanden) mitgetragen wird. Dieser Beschluss muss mehr sein als eine generelle Absichtserklärung zur Einführung eines Beschwerdemanagements. Er muss eine Entscheidung beinhalten, ob Sie eine spezielle (singuläre) Beschwerdemanagement-Software einführen wollen oder ob Beschwerdemanagement Bestandteil eines neuen CRM/ERP-Systems werden soll, das alle unternehmerischen Prozesse einschließt. Dies wäre Ausdruck einer systematischen und konsequenten Kundenorientierung als neues Ziel für alle Mitarbeiter und ein integraler Baustein eines umfassenden Kundenbeziehungsmanagements. Achten Sie darauf, welche Bedeutung die Unternehmenskultur bei Ihnen in diesem Zusammenhang hat. Sie

Einführung eines Beschwerdemanagement-Systems

ist der entscheidende Faktor dafür, ob die Einführung und Optimierung eines Beschwerdemanagement-Systems gelingt.

Die wichtigsten operativen Schritte im Beschwerdemanagement sind:
1. Beschwerden stimulieren
2. Beschwerden annehmen und erfassen
3. Beschwerden bearbeiten und angemessen reagieren
4. Beschwerden erheben, auswerten und dokumentieren

6.1.1 Beschwerden stimulieren

Vermeiden Sie es, Beschwerden zu vermeiden!

Vielfältige Kommunikationskanäle schaffen
Die Kommunikation mit dem Kunden ist bei einem Beschwerdesystem das A und O. Dies setzt die Bereitstellung geeigneter, für den Kunden kostenloser Kommunikationskanäle voraus. Sie ermöglichen eine schnelle und problemlose Kontaktaufnahme zum Unternehmen und „verführen" dazu, diese auch zu nutzen. Machen Sie es Ihren Kunden leicht, Sie zu erreichen. Es ist eine wichtige Voraussetzung dafür, dass Sie überhaupt von der Unzufriedenheit Ihrer Kunden erfahren.

Das bedeutet, die Kommunikation in beiden Richtungen über möglichst viele Kanäle in Gang zu bringen oder zu intensivieren. Schaffen Sie mehrere Beschwerdekanäle und legen Sie fest, wie der Kunde Sie erreichen soll:
- im persönlichen Gespräch
- telefonisch
- per Brief
- per Fax
- über ein Internetportal
- durch ein Self-Service-Portal
- mit einem E-Mail-Response-Management-System
- über Kundenumfragen

6.1 Beschwerden systematisch annehmen, bearbeiten und auswerten

Beschwerden sollten darüber hinaus aktiv angeregt werden. Vermitteln Sie den Kundencoachs, dass Beschwerden wichtig und gewünscht sind und nicht vertuscht werden sollen. Man wird es zu schätzen wissen, wenn Sie ein offenes Ohr für Beschwerden haben und angemessen mit ihnen umgehen. Durch Benutzung vieler verschiedener Medien innerhalb Ihres Beschwerdemanagements wird klar, dass Ihr Kommunikationskonzept auch ein mediales Konzept ist. Im Vordergrund sollte stehen, die Kosten und den Zeitaufwand für den Kunden zu reduzieren, den er aufwenden muss, um seine Beschwerde vorzutragen.

Beschwerden aktiv fördern

Kurz: Stellen Sie die nötige Beschwerdeinfrastruktur bereit!

6.1.2 Beschwerden annehmen und erfassen

Relevant ist in der Praxis die Differenz zwischen der Kundenerwartung und ihrer tatsächlichen Erfüllung. Das Beschwerdemanagement eines Unternehmens kann dann, bei systematischer Erfassung dieser Differenz, sensibel auch auf kleine Störungen reagieren, bevor diese eskalieren und zu einem großen Problem werden.

Beschwerden annehmen

Hier ist zunächst zu klären, wem das Problem „gehört". Das Complaint-Ownership-Prinzip klärt diese Verantwortung: Danach ist derjenige für die Beschwerde verantwortlich, dem gegenüber eine Beschwerde zuerst artikuliert wurde. Ab diesem Zeitpunkt hat er dafür Sorge zu tragen, dass die Beschwerde erkannt, erfasst und bearbeitet wird (vgl. Stauss; Seidel, 2002, 126).

Wem gehört das Problem?

Der Kundencoach, dem nun das Problem gehört, sollte entsprechend ausgebildet sein, den ersten Ärger am Telefon abzufangen. Hier sind Kenntnisse und Fähigkeiten der mündlichen Kommunikation gefragt, Schulungen, Checklisten und Telefonskripte mit hilfreichen Formulierungen und Verhaltensregeln, die ein Kundencoach beherrschen sollte (vgl. Kapitel 3–4, 5.1, 6.4).

Kundencoachs sollten relativ rasch Verantwortlichkeiten klären und wissen, welche Probleme sie selbst lösen können und welche Beschwerden sie besser weiterleiten. Damit ist ein Kundencoach nicht für jede Beschwerde zuständig, aber verantwortlich dafür, dass der

Kunde so schnell wie möglich eine Antwort erhält (Complaint-Ownership-Prinzip).

Beschwerden erfassen

Erste Unterscheidungen

Die Erfassung der eingehenden Beschwerden geschieht heute oft durch Multi-Channel-Lösungen. Sie sorgen dafür, dass das Beschwerdemanagement-System die eingehenden Informationen schnell, vollständig und strukturiert erhält. Das Beschwerdemanagement-System muss eindeutige und klar abgrenzbare Problemkategorien liefern. Nach Stauss/Seidel (Stauss; Seidel, 2002, 132 ff.) unterscheidet man bei der Erfassung von Beschwerden zunächst nach Beschwerdeinhalts- und nach Beschwerdeabwicklungsinformationen.

Zu den Beschwerdeinhaltsinformationen gehören Informationen über Beschwerdeführer, Beschwerdeproblem und Beschwerdeobjekt, während zu den Beschwerdeabwicklungsinformationen Informationen über Beschwerdeannahme, Beschwerdebearbeitung und Beschwerdereaktion gezählt werden.

Kategorienbildung

Danach erfolgt die Kategorienbildung. Sie gehört zu den wesentlichsten Teilen des Beschwerdemanagements. In der Praxis geht es hier unter anderem um folgende Fragen:

Ist es eine Erstbeschwerde oder eine Mehrfachbeschwerde (im zweiten Fall: gleiches Produkt oder gleicher Kunde)? Handelt es sich um Beschwerden über Mitarbeiter oder über Produkte beziehungsweise Dienstleistungen?

Eine Differenzierung kann auch erfolgen über den „Kundenwert" und mögliche Auswirkungen dieser Beschwerde. Der Kundenwert könnte nach Umsatz, Deckungsbeitrag, Kundenbeziehung, Image im Markt oder dem Multiplikatoreffekt (potenzieller Schaden) etc. bemessen werden.

Konkret können die Fragen dann beispielsweise so aussehen:
- Welche Störungen sind aufgetreten?
- Was wurde bereits versucht/unternommen?
- Wie war das Ergebnis?

6.1 Beschwerden systematisch annehmen, bearbeiten und auswerten

- Was genau meinen Sie mit „unzureichender Qualität"?
- Was verstehen Sie unter …?
- Was sind Ihre Erwartungen?
- Welche konkreten Maßnahmen sind jetzt zu ergreifen?
- Wer tut was bis wann?

Die einmal festgelegten Kategorien darf man nicht als statische und unveränderbare Vorgaben betrachten, sie sollten vielmehr sowohl den veränderten Produkt- und Serviceleistungen als auch dem veränderten Käuferverhalten angepasst werden.

Kategorien von Zeit zu Zeit aktualisieren

Wenn Sie die Beschwerden nach den oben genannten Kategorien erfassen, können Sie später qualifiziert und effizient mit den unterschiedlichen Formen von Beschwerden Ihrer Kunden umgehen. Die Kategorisierung bildet die Basis dafür, dass die Kundencoachs Beschwerden differenziert wahrnehmen und bearbeiten können.

Grundsätzlich gilt es darauf zu achten, dass die Kundencoachs gleiche Beschwerden unabhängig voneinander einheitlich aufnehmen. Ist das nicht der Fall, müssen die Kategorien präzisiert werden.

Abbildung 21 zeigt exemplarisch, wie eine Kundenbeschwerde in einem CRM-System erfasst wird.

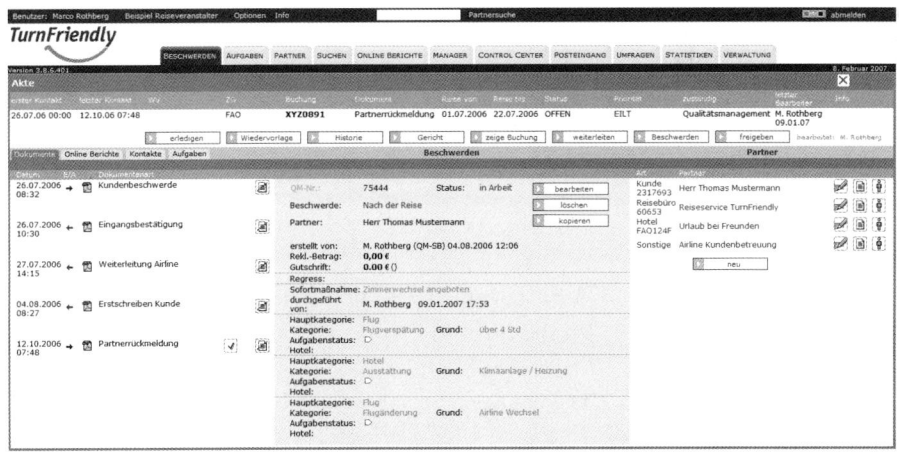

Abb. 21: Beschwerdemanagement mit CRM-System

6.1.3 Beschwerden bearbeiten und angemessen reagieren

Um die Bearbeitung von Beschwerden und die jeweils angemessene Reaktion geht es in diesem Buch. Lesen Sie dazu die ausführlichen Erläuterungen in Kapitel 2–5.

Unerlässlich: ein gutes Informationssystem

Dennoch möchten wir hier Grundsätzliches festhalten: Der Kunde erwartet zuallererst eine zügige und qualifizierte Bearbeitung seiner Beschwerde, unabhängig davon, ob er sich per Telefon, Fax, E-Mail, über das Internet oder per Brief beschwert. Um dies leisten zu können, erhält der Kundencoach aus dem Beschwerdemanagement-System diejenigen Informationen, die er für eine schnelle und kompetente Reaktion benötigt. Eine Anbindung an Lösungsdatenbanken oder der Zugriff auf andere für die Kundenbeziehung relevanten Daten, zum Beispiel aus CRM- oder ERP-Systemen, versetzen ihn in die Lage, Beschwerden oft schon beim ersten Kontakt abschließend zu bearbeiten.

Komplexe Kundenanfragen verlangen den Kundencoachs einiges ab, da unbedingt zu vermeiden ist, dass Anfragen in den Fachabteilungen oder aufgrund unklarer Zuständigkeiten einfach im Sande verlaufen.

Zwischenbescheide

Sollte ein Problem am Telefon nicht direkt zu klären sein, dann definiert ein systematisches Beschwerdemanagement genau, wie und in welcher Weise der Kundencoach reagieren sollte: telefonisch, per Fax, per E-Mail oder per Brief. Für die schriftlichen Reaktionen gibt es Textmodule, mit denen der Kundencoach professionell deeskalierend formulieren kann. Wenn es nicht möglich ist, umgehend eine abschließende Antwort zu geben, so liefert das System eine Eingangsbestätigung und gegebenenfalls einen Zwischenbescheid. So ist der Kunde zufrieden und der Kundencoach kann sich wieder auf den nächsten Kunden konzentrieren. Auch der gute Ruf des Unternehmens profitiert von dieser Vorgehensweise.

Grundsätzlich geht es darum, dass der Kundencoach das Problem schnell erfasst und erkennt, wie er den Kunden zufriedenstellen kann, sodass der Kunde Kunde bleibt und sich eine gute Partnerschaft entwickeln kann.

6.1.4 Beschwerden erheben, auswerten und dokumentieren
Beschwerden erheben

Voraussetzung für ein erfolgreiches Beschwerdemanagement ist es, die Beschwerden der Kunden strukturiert und effektiv zu erheben, mit denen diese bisher an das Unternehmen herangetreten sind. Dabei sind verschiedene Fragen zu stellen:

Selbstcheck: Sind wir gut vorbereitet?

Sind die Kundencoachs auf mögliche Beschwerden vorbereitet?

Was verstehen unsere Kundencoachs bisher unter einer „Beschwerde"?

Wie viele Beschwerden erhalten wir?

Über welche Kanäle erreichen uns die Beschwerden?

Sind wir leicht erreichbar?

Worüber beschweren sich die Kunden?

Was ärgert sie im Detail?

Wer beantwortet die Beschwerden?

Wie weit gehen die Entscheidungsbefugnisse der Kundencoachs?

Wie ist der Eskalationsprozess geregelt?

Wer antwortet und auf welche Weise antworten wir?

Welche Schwierigkeiten können durch unser Beschwerdehandling entstehen?

Werden die Beschwerden der Kunden und unsere Lösungen gesammelt?

Welche Konsequenzen ziehen wir daraus?

Ein systematisches Beschwerdemanagement setzt deshalb – ebenso wie das persönliche Beschwerdegespräch – beim Ist-Zustand an. Es geht darum, die Antworten auf die oben gestellten Fragen systematisch zusammenzutragen.

Beim Ist-Zustand ansetzen

Ein Teil der Informationen kann mithilfe von Checklisten (Bildschirmmasken) während eines Beschwerdegesprächs ermittelt werden. Andere Informationen, wie zum Beispiel Hintergründe/Ursachen und Auswirkungen einer Beschwerde, müssen danach systematisiert und ausgewertet werden, um wiederkehrende Fehlerquellen künftig ausschalten zu können.

Letztendlich müssen die Informationen so aufbereitet sein, dass sie vom Kundencoach schnell bewertet werden können, um daraus konkrete Maßnahmen abzuleiten, die er dem Anrufer anbieten kann.

Beschwerden auswerten

Beschwerden fürs Qualitätsmanagement nutzen

Ein erfolgreiches Beschwerdemanagement steigert nicht nur die Kundenzufriedenheit durch eine schnelle und effiziente Bearbeitung der Beschwerden, es legt gleichzeitig – über die Auswertung der Beschwerdegründe – die Basis für ein vorausschauendes Qualitätsmanagement, das die eigenen Produkte und Prozesse kontinuierlich optimiert. Auswertung und Dokumentation bedeutet also letztlich: Qualität durch Beschwerden.

Nachdem nun Beschwerden stimuliert, angenommen, klassifiziert, erfasst und bearbeitet wurden, ist es ein Leichtes, diese Aktivitäten nach unterschiedlichsten Kriterien auszuwerten. Neben den Antworten aus dem Selbstcheck (siehe oben) können beispielsweise folgende Fragen herangezogen werden:
- Wie schnell werden Beschwerden bearbeitet?
- Wie hoch sind die Kosten pro Beschwerdebearbeitung?
- Wie viele Kontakte werden benötigt, um den Kunden zufriedenzustellen?
- Haben wir unsere Ziele erreicht?
- Wenn ja, was war gut und sollte verstärkt werden?
- Wenn nein, was fehlt noch?
- Was ändern wir deshalb?
- Was sind die nächsten Schritte, die wir einleiten?

Kann teure Kundenbefragungen überflüssig machen

Die systematische Auswertung von Beschwerden erspart dem Unternehmen teure Kundenbefragungen. Das Unternehmen erhält diese Informationen aus seinem Beschwerdemanagement-System quasi „frei Haus" und kostenlos.

Beschwerden dokumentieren
Das Unternehmen kann über verschiedene Statistiken und Reports den Prozess der Beschwerdebearbeitung kontrollieren. Über die inhaltliche Auswertung können dann Schwachstellen erkannt und weitere Maßnahmen abgeleitet werden. So gelingt es, Kosten und Nutzen des Beschwerdemanagements zueinander in Beziehung zu setzen und damit auch den Gewinn zu kontrollieren. Die über die Beschwerdeanalyse identifizierten Ursachen sollten dann mit konkreten Zielen und Maßnahmen angegangen werden.

6.2 Beschwerdemanagement optimieren – Beschwerden minimieren

Nach der Auswertung der Beschwerdemanagement-Berichte ist eine konsequente Umsetzung der Erkenntnisse angezeigt.

Es ist nicht immer „der Computer" oder „das System" daran schuld, wenn Beschwerdemanagement nicht funktioniert. Oder anders formuliert: Die Implementierung eines funktionierenden Beschwerdemanagement-Systems hängt maßgeblich von den Mitarbeitern ab.

Erfolgsfaktor Mitarbeiter

In Unternehmen mit partizipativer Unternehmenskultur spricht man heute auch von der „Weisheit der Vielen" oder von „Schwarmintelligenz". Daher ist es nur konsequent, wenn Mitarbeiter ermuntert werden, selbst nachzudenken, was man tun könnte, um das Beschwerdemanagement zu optimieren. So gewinnt man zweimal:

Optimierung durch Mitarbeiterbeteiligung

1. neue, wertvolle Impulse und Ideen von Personen, die ganz nah am Geschehen, an der Schnittstelle zum Kunden sind, und
2. motivierte Mitarbeiter, weil sie involviert sind und selbst den Fortschritt gestalten.

Oft werden unter „weichen Faktoren" Kundenbindung und „Service als Wettbewerbsfaktor" verstanden, während Gewinnsteigerung und Kostenersparnis als „harte Faktoren" interpretiert werden. Wir wollen im Folgenden weitere Faktoren einbeziehen und sie ebenfalls in harte und weiche aufteilen:

Optimierung durch Fokus auf „weiche" Faktoren

6. Beschwerden systematisch und strategisch managen

Harte Faktoren Harte Faktoren setzen auf die rationale Ebene: Es geht um nachweisbare Tatsachen, Zahlen, Daten, Fakten. Ein paar Beispiele:
- Produkt falsch geliefert oder in falscher Menge
- Produkt bei Empfang defekt oder verspätet geliefert
- erhaltene Informationen falsch oder unvollständig
- Angebot nicht gemäß Anfrage
- Rechnung mit falschen Beträgen
- Service kommt verspätet

Weiche Faktoren Weiche Faktoren hingegen betreffen eher die emotionale Ebene; sie sind dementsprechend schwieriger zu beweisen:
- schlechte Erreichbarkeit
- Unaufrichtigkeit, Überheblichkeit, Unfreundlichkeit
- Mangel an Qualifikation
- unmotivierte Mitarbeiter
- geringschätzendes Verhalten gegenüber Kunden
- „Nach-mir-die-Sintflut"-Einstellung

Oft wiegen die weichen Faktoren schwerer als die harten (die Macht der Gefühle!), insofern ist es ratsam, den weichen Faktoren mehr Aufmerksamkeit zu widmen.

> Frage von MA: Warum verlieren wir unsere Kunden?
>
> Antwort: Weil wir sie schlecht behandelt haben.
>
> Frage von MA: Warum soll ich mich um den Service kümmern, wenn es der Chef auch nicht tut?
>
> Antwort: Weil Ihr Job gefährdet ist, wenn der Kunde wegbleibt.
>
> Frage von MA: Dann müsste ja der Job vom Chef auch wegfallen?
>
> Antwort: Das ist ein weiterer Schritt.

6.2 Beschwerdemanagement optimieren – Beschwerden minimieren

Darüber hinaus können folgende Tipps dazu beitragen, Ihr Beschwerdemanagement zu optimieren:

Tipps

- Setzen Sie sich bewusst mit der eigenen Beschwerdemanagement- beziehungsweise Unternehmenskultur auseinander.
- Überzeugen Sie Mitarbeiter, Kunden und Partner (Lieferanten) von der Sinnhaftigkeit des Beschwerdemanagements.
- Arbeiten Sie an der Verbesserung der „Einstellung zum Kunden" Ihrer Mitarbeiter.
- Verbessern Sie systematisch Ihr internes und externes Kommunikationsmanagement.
- Sorgen Sie für eine schnelle Erreichbarkeit auf mehreren Kommunikationskanälen, da die Geschwindigkeit, mit der eine Beschwerde bearbeitet wird, für alle Beteiligten ausschlaggebend ist.
- Etablieren Sie eine konfliktfähige Kommunikation mit den Kunden.
- Helfen Sie mit, Akzeptanzbarrieren – rationale und emotionale – zu überwinden.
- Arbeiten Sie daran, die Angst vor Beschwerden zu überwinden. Führungskräfte und Mitarbeiter, die im Beschwerdemanagement tätig sind, müssen konstruktiv mit Beschwerden umgehen können.
- Sorgen Sie für eine permanente Weiterqualifizierung Ihrer Mitarbeiter, damit sie ihre anspruchsvolle Aufgabe auch weiterhin gern und zur Zufriedenheit Ihrer Kunden und Ihres Unternehmens erfüllen.
- Nutzen Sie – in Abhängigkeit von der Eskalation – die Vorteile von Beratungs- und Konfliktcoaching.
- Fördern Sie eigenverantwortliche Lösungsprozesse und Win-win-Situationen.
- Geben Sie den Kundencoachs entsprechende Kompetenzen.
- Definieren Sie eindeutige Arbeitsabläufe.
- Halten Sie Ihr System auf dem neuesten Stand, insbesondere durch die Integration neuer Software-Module zur Planung, Steuerung und Auswertung.
- Erweitern Sie Ihr System mit CTI-Funktionalitäten (Computer Telephony Integration).
- Durch Internettelefonie können Sie erhebliche Kosten sparen und zugleich auf Kundenanfragen oder -beschwerden schneller und zielgerichteter reagieren.

6. Beschwerden systematisch und strategisch managen

- Achten Sie besonders auf die weichen Faktoren.
- Stellen Sie Spielregeln auf (siehe unten), und sorgen Sie dafür, dass sie verstanden und gelebt werden.

Unsere Spielregeln im Beschwerdemanagement

1. *Bei Kundenbeschwerden wird sofort reagiert!* Wenn keine sofortige Lösung möglich ist, wird der Kunde informiert, wie und wann sein Problem gelöst wird. Die Erledigung wird entsprechend verfolgt.

2. *Rückrufe werden binnen 24 Stunden erledigt!* Wenn noch keine Lösung gefunden wurde, erhält der Kunde einen Zwischenbescheid.

3. *Bei Brief- oder E-Mail-Beschwerden wird der Kunde am gleichen Tag angerufen, die Beschwerde geklärt und/oder dem Kunden wird mitgeteilt, dass er binnen drei Tagen (zum Beispiel bei Kontenklärung) eine Antwort erhält.* Bei jedem Schreiben, bei dem von uns eine Antwort erwartet wird, muss diese Frist eingehalten werden. Sollte es nicht möglich sein, die Antwort in dieser Frist zu geben, muss ein schriftlicher Zwischenbescheid an den Kunden geschickt werden.

4. *Werden interne E-Mails oder Aktennotizen mit der Aufforderung, etwas zu erledigen, verfasst, darf es nur einen Verantwortlichen geben!* Aus dem Text muss eindeutig hervorgehen, wer etwas erledigen soll. Wir können es nicht mehreren Empfängern überlassen, etwas zu erledigen oder darauf zu warten, dass der Kollege es tut.

5. *Jeder hat zu jeder Zeit einen Vertreter!* Jeder hat selbst dafür zu sorgen, dass im Fall von Urlaub oder bei längerer Abwesenheit ein Vertreter erreichbar ist – und kompetent ist, die Vertretung auszuüben. Der Vertreter bearbeitet auch die Wiedervorlagen.

6. *Jeder ist während der Arbeitszeit erreichbar.* Bei Abwesenheit vom Arbeitsplatz wird das Telefon entsprechend umgestellt. Das Umstellen wird der Zentrale mitgeteilt. Einen Anruf „ins Leere" darf es nicht geben. Eine zentrale Telefonstelle muss generell besetzt sein. Sollten in einem erreichbaren Umfeld Telefone läuten, die nicht besetzt/umgestellt sind, sind wir verpflichtet, den jeweiligen Anruf anzunehmen.

7. *Wir helfen und unterstützen uns gegenseitig.*

8. *Jeder ist der Kunde von jedem.*

6.3 Die personalpolitische Dimension

Die personalpolitische Dimension des Beschwerdemanagements liegt im Wesentlichen darin, dafür zu sorgen, dass die Erstkontakt-Mitarbeiter (Kundencoachs) durch eine umfassende Ausbildung und Qualifizierung auf die Bewältigung der Beschwerden vorbereitet werden. Durch eine entsprechende Qualifikationsmaßnahme erhalten sie die gewünschte Sicherheit, die Beschwerden angemessen zu bewältigen.

Die ständige Fortbildung der Kundencoachs sollte nicht als Kostenblock, sondern als das, was es ist, betrachtet werden: als ein wesentlicher Erfolgsfaktor für das Unternehmen.

Kontinuierliche Fortbildung als Erfolgsfaktor

Ein Weiterbildungs- und Qualifizierungsplan für Mitarbeiter im Beschwerdemanagement enthält folgende Module:
- Ausbildung in den Grundlagen der zwischenmenschlichen Kommunikation
- Seminare zur Verbesserung der Fach- und Methodenkompetenz
- umfangreiches Telefon- und Stimmtraining
- Vor-Ort-Betreuung durch einem Telefoncoach
- Workshops zum Austausch von Erfahrungen und zur Verbesserung der Kommunikationsfähigkeiten
- Seminare zur Verbesserung der sozialen und emotionalen Kompetenz
- Workshops zum Thema konfliktfreie Kommunikation
- Workshops zu Techniken des Stressabbaus

Hier kann das Management für die entsprechenden Rahmen- und Ausbildungsbedingungen sorgen.

Angesichts der sich rasant entwickelnden technischen Möglichkeiten, wie im Internet die Self-Service-Portale oder die E-Mail-Res-

Auf Proaktivität setzen

ponse-Management-Systeme, sollte sich die Weiterbildung nicht den veränderten Kundenbedürfnissen anpassen (reaktiv), sondern den sich ändernden Bedürfnissen vorauseilen (proaktiv). Durch dieses proaktive Verhalten verhindern die Unternehmen, dass das Kind in den berühmten Brunnen fällt. Dann muss nämlich „nachtrainiert" werden. Der technische Fortschritt bringt übrigens nicht nur Vorteile, sondern auch erhebliche Nachteile: So geht vor allem der direkte Kontakt zum Kunden mehr und mehr verloren. Doch nicht jeder Kunde lässt sich bei einer Beschwerde gern von einer Computerstimme beraten oder ist mit einer standardisierten E-Mail-Antwort zufrieden.

Die heutigen CRM-Systeme werden mittlerweile auch zum Finden, Binden und Fördern von Talenten im Kundenmanagement genutzt. Somit wird CRM noch stärker eine Aufgabe für die Personalentwicklung werden.

6.4 Instrumente zur Gesprächsvor- und -nachbereitung sowie zur Beschwerdeanalyse

Nicht am Kunden üben Viele Unternehmen üben am Kunden, vergraulen ihn und wollen dann kostenintensiv lernen, wie man neue Kunden gewinnt. Wenn man vorher üben würde, benötigte man auch weniger Seminare zur Neukundenakquisition.

6.4.1 Instrumente zur Gesprächsvorbereitung

Mit der folgenden Übung können Sie sich auf ein Kundengespräch vorbereiten und Sicherheit in der Gesprächsführung gewinnen, damit Sie dann auch professionell auf eine Beschwerde reagieren, statt den Anrufer hilflos in der Warteschleife hängen zu lassen oder ihn mit dem Nächstbesten – „nur schnell weg" – zu verbinden und somit seinen Ärger noch zu vergrößern.

6.4 Instrumente zur Gesprächsvor- und -nachbereitung

Übung 15: Vorbereitung auf ein Beschwerdegespräch

Kundencoach:	Datum:	Bearbeitungsnummer:

Name des Kunden:

Anschrift:

Lieferdatum:	Auftragsnummer:	Kundenbestellnummer:

Welche Beschwerde hat der Beschwerdeführer?

Was weiß ich über den Beschwerdeführer?

Welche Funktion hat er?

Welche Dienstleistungen/Produkte hat er bereits von uns in Anspruch genommen?

Was ist mein Ziel?

Wie gestalte ich einen freundlichen Gesprächseinstieg?

Wie drücke ich meine Wertschätzung/mein Verständnis aus?

Welche Lösung(en) will ich vorschlagen?

Wo sehe ich Schwierigkeiten/mögliche Einwände?

6. Beschwerden systematisch und strategisch managen

Welche Argumente können nützlich sein?

_____

Was ist meine Rückzugsposition (Kompromiss)?

_____

Wie fasse ich kurz zusammen?

_____

Wie gestalte ich einen positiven, versöhnlichen Abschluss?

_____

Wie verbleibe ich mit dem Kunden?

_____

6.4.2 Instrumente zur Gesprächsnachbereitung

Unbedingt zu empfehlen ist, das Gespräch nach dem Kundenkontakt Revue passieren zu lassen und sich selbst einige Fragen zu beantworten.

Checkliste: Gesprächsnachbereitung
_____

1. Was habe ich erreicht?

_____

2. Welchen Eindruck habe ich persönlich vom Gespräch?

_____

3. Wo gab es Schwierigkeiten? Welche Einwände kamen?

_____

4. Was habe ich gut gemacht?

_____

6.4 Instrumente zur Gesprächsvor- und -nachbereitung

5. Wie schätze ich meinen Gesprächspartner ein?

___

6. Welche Fragen sind noch offen? Und mit wem muss ich sie klären?

___

7. Was habe ich versprochen?

___

8. Was muss ich noch erledigen?

___

9. Wen muss ich noch informieren?

___

Zur Beschwerdenachbereitung können Sie zum Beispiel das folgende Formular verwenden:

6. Beschwerden systematisch und strategisch managen

Bericht: Beschwerdenachbereitung		Seite 1/2
Beschwerdenummer:	Datum:	Kundencoach:
Auftragsnummer:	Erledigt (Datum):	Produkt:
Firmenname:	Kundennummer:	Anrufer:
○ Beschwerde	○ per Telefon ○ per Fax	○ per Brief ○ per E-Mail
○ Nachbesserung	○ Preisminderung	○ Austausch
Situation		**Kommentar**
1. Produktinformationen nicht erhalten		
2. Angefordertes Material nicht erhalten		
3. Produkt nicht erhalten		
4. Angebot nicht verstanden		
5. Auftrag nicht eingegangen		
6. Auftrag falsch ausgeliefert		
7. Auftrag verspätet ausgeliefert		
8. Lieferung unvollständig		
9. Falsches Produkt		
10. Defektes Produkt		
11. Falsche Menge		
12. Fehlende Teile		
13. Kein Spezialwerkzeug dabei		
14. Gebrauchsanweisung in Englisch		
15. Reparatur hat nichts gebracht		
16. Wartung mangelhaft		
17. Unfall mit Produkt		
18. Rechnung zu hoch		
19. Zahlungserinnerung zu früh		
20. Sonstiges		

6.4 Instrumente zur Gesprächsvor- und -nachbereitung

Bericht: Beschwerdenachbereitung	Seite 2/2
Nachbereitung	**Kommentar**
1. Neues Angebot senden	
2. Lieferung abholen	
3. Deutsche Gebrauchsanweisung senden	
4. VIP-Behandlung	
5. Ersatzteile per Express senden	
6. Ersatz für Produkt liefern	
7. Retoure veranlassen	
8. Reparatur veranlassen	
9. Service benachrichtigen	
10. Gutschrift an Kunden	
11. Rechnung stornieren	
12. Kosten ersetzen	
13. Qualitätskontrolle informieren	
14. Konstruktionsabteilung einschalten	
15. Fertigung einschalten	
16. Rechtsabteilung einschalten	
17. Brief schicken	
18. E-Mail senden	

Zur weiteren Bearbeitung an folgende Abteilungen weitergeben

○ Marketing ○ Fertigung ○ Qual.-Kontr. ○ F & E
○ Vertrieb ○ Controlling ○ Service ○ Konstrukt.

Bemerkungen:

Quelle: Hoofacker, 1995, modifiziert

6.4.3 Instrumente zur Beschwerdeanalyse und -auswertung

Checkliste: Welche der nachfolgenden Fähigkeiten und Kenntnisse sind bei Ihnen vorhanden?

vorhanden	ja	nein
emotionale Intelligenz	☐	☐
Empathie	☐	☐
Hilfsbereitschaft	☐	☐
mentale Flexibilität	☐	☐
Konfliktfähigkeit	☐	☐
spezifische Techniken der Gesprächsführung	☐	☐
Argumentationsmethoden	☐	☐
Techniken der Einwandbehandlung	☐	☐
Sicherheit im Abschluss und bei Vereinbarungen	☐	☐
Kreativität beim Schreiben von Briefen oder E-Mails	☐	☐
gute Kenntnisse über firmeninterne Prozesse, Abläufe, spez. Zusammenhänge	☐	☐
Produktkenntnisse	☐	☐
Problemlösungskompetenz	☐	☐
Fähigkeit zum Selbstmanagement	☐	☐
Entscheidungskompetenz	☐	☐

Wenn Sie diese Checkliste ausgefüllt haben, können Sie Ihre Erkenntnisse gleich in eine To-do-Liste übertragen. Hierbei handelt es sich um ein sehr effektives Werkzeug für mehr Nachhaltigkeit im Beschwerdemanagement.

6.4 Instrumente zur Gesprächsvor- und -nachbereitung

To-do-Liste:

| Wer? | macht was? | bis wann? |

(Zum Beispiel: An welcher der o.g. Fähigkeiten muss als Erstes, Zweites etc. gearbeitet werden?)

(Was muss veranlasst werden?)

(Was muss als Nächstes trainiert werden?)

(Wer braucht welche Kompetenzen?)

(Etc.)

Checkliste: Beschwerdenauswertung / Controlling

Auf welchen Kommunikationskanälen ist das Unternehmen zu erreichen?

Wie häufig wird welcher Kanal genutzt?

Wie schnell ist der Kundenservice zu erreichen?

Wie schnell werden Beschwerden zufriedenstellend bearbeitet?

In wie viel Prozent der Fälle kann der First-Level-Support das Problem lösen?

6. Beschwerden systematisch und strategisch managen

Wie oft ist der First-Level-Support überfordert?

_____

Wie viele Kontakte werden benötigt, um den Kunden zufriedenzustellen?

_____

Wie viele Verbesserungsvorschläge haben wir dadurch erhalten?

_____

Welche Verbesserungsvorschläge wurden konkret umgesetzt?

_____

Wie hoch sind die Kosten für die Beschwerdebearbeitung?

_____

Checkliste: Kundenanalyse

_____

Kundenname: Kundennummer: Produkt/Service:

_____

Wie und womit können wir unseren Kunden stärker an uns binden?

_____

Welchen Kunden(-gruppen) müssen wir welche
Aufmerksamkeit zukommen lassen?

_____

Wie können wir uns gegenüber unseren Wettbewerbern
differenzieren?

_____

Welche Zusatznutzen können wir bieten?

_____

Wollen wir diesen Kunden behalten?
Ja ○   Nein ○

_____

6.4 Instrumente zur Gesprächsvor- und -nachbereitung

Wenn ja, warum?

___

Wenn ja, wie können wir diesen Kunden binden?

___

Was ist unser Nutzen dabei?

___

6.4.4 Ergänzende Übungen

Übung 16: Konfliktvermeidung (1)
Bitte verbessern Sie folgende Aussagen:

1. Das kann ich nicht versprechen, ich habe auch noch was anderes zu tun!

___

2. Das geht nicht so schnell, das ist ein ganz altes Modell, da muss ich erst den Service fragen.

___

3. Das müsste bestellt werden, das dauert aber mindestens sechs Wochen.

___

4. Dazu muss ich Ihnen sagen, dass Ihr Auftrag in der Zentrale bearbeitet wird. Ich bin nur für Süddeutschland zuständig.

___

5. Ich habe hier ein Schreiben von Herrn X vorliegen, er müsste mich einmal kurz zurückrufen.

___

6. XY, guten Tag. Ich muss raten ... Klaber, Kleiber oder so, den oder die hätte ich gerne gesprochen.

6. Beschwerden systematisch und strategisch managen

7. Sie haben sechs Rollen bestellt, die können Sie nicht haben. Ich kann Ihnen lediglich die Verpackungseinheit von vier oder acht Rollen bieten.

8. Natürlich können wir versuchen, das bis Freitag früh anzuliefern, aber das ist dann eine Frage des Preises.

9. Es gibt höchstens die Möglichkeit, dass Sie es persönlich abholen.

Übung 17: Konfliktvermeidung (2)
Bitte verbessern Sie folgende Aussagen:

Konfrontation:	**Kooperation:**
Da haben Sie mich falsch verstanden.	
Sie irren sich …	
Haben Sie alles richtig verstanden?	
Sie können unmöglich urteilen, ohne vorher …	
Jeder vernünftige Mensch weiß doch …	
Das stimmt nicht.	
Das habe ich nicht gesagt.	
Bitte bleiben Sie sachlich.	

6.4 Instrumente zur Gesprächsvor- und -nachbereitung

Übung 18: Was Kunden bei mir bewirken

Wenn ein Kunde sich beschwert, …	stimmt	stimmt teilweise	stimmt nicht
… ist mir dies sehr unangenehm	☐	☐	☐
… macht mir das nichts aus	☐	☐	☐
… leide ich mit dem Kunden intensiv mit	☐	☐	☐
… habe ich oft das Gefühl, zwischen zwei Stühlen zu sitzen	☐	☐	☐
… fühle ich mich getroffen	☐	☐	☐
… fühle ich mich persönlich angegriffen	☐	☐	☐
… geht das an mir vorbei	☐	☐	☐
… fühle ich mich oft unsicher und hilflos	☐	☐	☐
… fühle ich mich sicher und hilfsbereit	☐	☐	☐
… meine ich, unsere Produkte dem Kunden gegenüber verteidigen zu müssen	☐	☐	☐
… neige ich dazu, dem Kunden recht zu geben	☐	☐	☐
… fühle ich mich oft als Verlierer	☐	☐	☐
… fühle ich mich gestresst und stehe während des Gesprächs unter Spannung	☐	☐	☐
… bleibe ich ruhig und entspannt	☐	☐	☐
… gibt es gewisse Aussagen des Kunden, die mich richtig aggressiv machen	☐	☐	☐
… lasse ich mir noch lange nicht alles bieten und sage das auch	☐	☐	☐
… habe ich Mitleid mit ihm	☐	☐	☐

6. Beschwerden systematisch und strategisch managen

Meine Erkenntnisse in diesem Kapitel:

_____

_____

_____

Was kann ich tun, um diese Erkenntnisse für mich und mein Unternehmen nutzbar zu machen?

_____

_____

_____

_____

7. Statt eines Nachworts

Falls Sie nach der Lektüre dieses Buchs ein unstillbares Bedürfnis nach einem Kaffee haben, trinken Sie ihn nicht zu heiß! Die damals 79-jährige Stella Liebeck erlangte Berühmtheit, als sie sich bei McDonalds einen Becher Kaffee über den Leib schüttete, Verbrennungen erlitt und anschließend 2,9 Millionen Dollar Schadenersatz erhielt. Dies war eine äußerst lukrative Beschwerde!

Falls Sie sich nach der Lektüre dieses Buchs nach nichts anderem sehnen, als endlich ein systematisches Beschwerdemanagement einzuführen, tun Sie es jetzt!

„Es gibt nichts Gutes, außer man tut es." (Erich Kästner)

Für Erfolgserlebnisse, zufriedene Kunden, steigende Umsätze und positive Nebenwirkungen in Ihrem persönlichen Umfeld „haften"

Bernhard Haas und Bettina von Troschke

Sie erreichen uns per E-Mail unter:
bernhard.haas@hot-akademie.de
bettina.v.troschke@hot-akademie.de

Literaturverzeichnis

Bücher und Zeitschriftenartikel

Barlow, Janelle; Möller, Claus: *Eine Beschwerde ist ein Geschenk. Der Kunde als Consultant.* Frankfurt am Main: Redline Wirtschaft, 2003.

Blickhan, Daniela; Blickhan, Claus: *Denken, Fühlen und Leben. Vom bewußten Wahrnehmen zum kreativen Handeln mit NLP.* München, Landsberg am Lech: mvg-Verlag, 1994.

Böhm, Reinhard: *Konfliktmanagement – Eine Einführung.* VOGB/AK, Wien, 2003.

Brückner, Michael: *Beschwerdemanagement. Reklamation als Chance nutzen / Professionell reagieren / Kunden zufrieden stellen.* Frankfurt am Main: Redline Wirtschaft, 2005.

Caruso, David R.; Salovey, Peter: *Managen mit emotionaler Kompetenz.* Frankfurt am Main: Campus Verlag, 2005.

Dormann, Christian; Zapf, Dieter; Isic, Amela: *Emotionale Arbeitsanforderungen und ihre Konsequenzen bei Callcenter-Arbeitsplätzen.* In: Zeitschrift für Arbeits- und Organisationspsychologie. 46/2002. S. 201–215.

Ende, Michael: *Momo.* Stuttgart: Thienemann Verlag, 1973.

Fiehler, Reinhard; Kindt, Walther; Schnieders, Guido: *Kommunikationsprobleme in Reklamationsgesprächen.* In: Brünner, Gisela; Fiehler, Reinhard; Kindt, Walter (Hrsg.): *Angewandte Diskursforschung. Band 1: Grundlagen und Beispielanalysen.* Radolfzell: Verlag für Gesprächsforschung, 2002. S.120–154.

Gamber, Paul: *Kundenbeschwerden und Reklamationen konfliktfrei behandeln. Methoden, Tipps und Übungen für den besseren Umgang mit schwierigen Kunden.* 2. Aufl. Renningen: expert verlag, 2002.

Gierl, Heribert: *Beschwerdemanagement als Bestandteil des Qualitätsmanagements.* In: Helm, Roland; Pasch, Helmut (Hrsg.): *Kundenorientierung durch Qualitätsmanagement.* Frankfurt am Main: Deutscher Fachverlag, 2000. S. 184.

Goleman, Daniel: *Emotionale Intelligenz.* München, Wien: Carl Hanser Verlag, 1996.

Haas, Bernhard: *Heute die Erfolge von morgen sichern.* In: *Macher – Das regionale Wirtschaftmagazin.* 2/2005. S. 36.

Haas, Bernhard: *So verkaufen Sie komplexe Güter.* In: *acquisa – Das Magazin für Marketing und Vertrieb.* 11/2003. S. 48.

Haas, Bernhard: *Vergesst das „Wir-Gefühl".* In: *Harvard Business Manager.* 06/2003. S.104 f.

Haase, Jana; et al.: *Arbeit in Call Centern. Soziologische und linguistische Stil-Analysen als konvergente Perspektiven auf neue Arbeitsformen.* In: *kommunikation@gesellschaft,* Jg. 4, 2003, Beitrag 2.

Haeske, Udo: *Beschwerden und Reklamationen managen. Kritische Kunden sind gute Kunden!* Weinheim, Basel: Beltz Verlag, 2001.

Hanser, Peter: *Nicht mehr, sondern sinnvoller kaufen.* In: *absatzwirtschaft – Zeitschrift für Marketing.* 2/2006. S. 31–34.

Hoofacker, Gabriele: *Das große Handbuch der Formulare für Verkauf, Vertrieb, Marketing.* München: Norbert Müller Verlag, 1995. S. 81.

Klein, Stefan: *Die Glücksformel. Oder wie die guten Gefühle entstehen.* Reinbek: Rowohlt, 2002.

Kraft, Peter B.: *NLP-Handbuch für Anwender. NLP aus der Praxis für die Praxis.* Paderborn: Junfermann Verlag, 1998.

Langer, Inghard; Schulz von Thun, Friedemann; Tausch, Reinhard: *Sich verständlich ausdrücken.* 5., verb. Aufl. München, Basel: E. Reinhardt Verlag, 1993.

Lasko, Wolf W.: *Dream Teams. 110 Stories für erfolgreiches Team-Coaching.* Wiesbaden: Gabler Verlag, 1996.

Leonhardt, Roland: *Der One-Page-Manager.* Zürich: Orell Füssli Verlag, 2006.

Mohl, Alexa: *Metaphern-Lernbuch. Geschichten und Anleitungen aus der Zauberwerkstatt.* Paderborn: Junfermann, 1998.

Motamedi, Susanne: *Konfliktmanagement. Vom Konfliktvermeider zum Konfliktmanager: Grundlagen, Techniken, Lösungswege.* Offenbach: Gabal, 1999.

Nagel, Kurt: *200 Strategien, Prinzipien und Systeme für den persönlichen und unternehmerischen Erfolg.* 6. Aufl. Landsberg am Lech: Verlag Moderne Industrie, 1995.

Rönnecke, Dirk: *Kundenorientiertes Beschwerdemanagement. Kundenbeschwerde: Abbruch oder Neuanfang einer Lieferanten-Kunden-Beziehung.* 2., überarb. Aufl. Renningen: expert verlag, 2006.

Scheler, Uwe: *Management der Emotionen.* Offenbach: Gabal Verlag, 1999.

Schnieders, Guido: *Verärgerung in Reklamationsgesprächen. Zur Analyse von Emotionsmanifestationen im Diskurs.* In: Fiehler, Reinhard; Becker-Mrotzek, Michael (Hrsg.), *Unternehmenskommunikation,* Tübingen: Gunter Narr Verlag, 2002. S. 116–139.

Schwarz, Gerhard: *Konfliktmanagement. Sechs Grundmodelle der Konfliktlösung.* 2., erw. Aufl. Wiesbaden: Gabler, 1995.

Sommer, Jochen: *NLP for Business. Mit NLP zum beruflichen Spitzenerfolg.* Offenbach: Gabal Verlag, 2003.

Spielkamp, Matthias: *Tagebücher auf Speed.* In: *brandeins. Wirtschaftsmagazin,* 06/2005, S. 78 f.

Sprenger, Reinhard K.: *Vertrauen führt. Worauf es im Unternehmen wirklich ankommt.* 2. Aufl. Frankfurt am Main: Campus Verlag, 2002.

Stauss, Bernd; Seidel, Wolfgang: *Beschwerdemanagement.* München: Carl Hanser Verlag, 2002.

Troschke, Bettina von: *Auf Augenhöhe.* In: *Personal – Zeitschrift für Human Resource Manager,* Jahrgang 57, 09/2005, S. 28–30.

Troschke, Bettina von: *Grenzen des Coaching durch Führungskräfte.* In: Personal – *Zeitschrift für Human Resource Manager,* Jahrgang 53, 09/2001, S. 502–504.

Winkelmann, Peter: *Vertriebskonzeption und Vertriebssteuerung. Die Instrumente des integrierten Kundenmanagements (CRM).* München: Vahlen, 2005.

Internetquellen
BDV Bund der Verbraucher e. V.: Machtverschiebung zugunsten der Verbraucher. Nicht der Unternehmer, der Kunde bestimmt über die Produkte. 2005.
www.pressetext.de/pte.mc?pte=050810005

Innovations report: MATERNA und Universität Dortmund veröffentlichen Studie zum Beschwerde-Management. 2005.
http://www.innovations-report.de/html/berichte/studien/bericht-51352.html

Kundenmonitor Deutschland 2006, Pressemitteilung. 2006.
http://www.servicebarometer.com/artikel/download/Kundenmonitor_Deutschland_2006.pdf

RightNow-Studie. 2006.
http://www.rightnow.com/news/article.php?id=7373

Lexikon

Beschwerde: Beschwerden sind „Artikulationen von Unzufriedenheit, die gegenüber Unternehmen oder auch Drittinstitutionen mit dem Zweck geäußert werden, auf ein subjektiv als schädigend empfundenes Verhalten eines Anbieters aufmerksam zu machen, Wiedergutmachung für erlittene Beeinträchtigung zu erreichen und/oder eine Änderung des kritisierten Verhaltens zu erreichen" (Stauss; Seidel, 2002, 47).

Beschwerdeanalyse: Die Beschwerdeanalyse zeigt auf, dass aus einzelnen Beschwerden nicht auf einen Mangel in der Kundenorientierung und in der Servicequalität zu schließen ist. Im Gegenzug bedeutet das Ausbleiben von Beschwerden nicht zwingend, dass alles in Ordnung ist.

Blog: Abkürzung für Weblog. Ein Weblog ist ein digitales Tagebuch. Es wird am Computer geschrieben und im Internet veröffentlicht. Es ist also eine Website, die periodisch neue Einträge erhält.

Buchbinder Wanninger: So heißt ein Sketch des Münchener Komikers Karl Valentin. In der entsprechenden Szene versucht der Buchbinder Wanninger vergeblich, mit einem Anruf bei seinem Auftraggeber (der Baufirma Meisel & Compagnie) in Erfahrung zu bringen, ob er die Rechnung für die von ihm fertiggestellten Bücher der Lieferung gleich beilegen soll. Er wird immer wieder vom einen zum nächsten Ansprechpartner innerhalb der auftraggebenden Firma weiterverbunden, ohne die erhoffte Information zu erhalten. Das Ganze endet mit der geknurrten Aussage des verzweifelten Buchbinders: „Saubande, dreckade!"

Business-to-Business (B2B): Dieser Terminus steht allgemein für Beziehungen zwischen (mindestens zwei) Unternehmen, im Gegensatz zu Beziehungen zwischen Unternehmen und anderen Gruppen (zum Beispiel Konsumenten, also Privatpersonen als

Kunden, Mitarbeitern oder der öffentlichen Verwaltung). In der deutschen Literatur ist auch von Betrieb-Betrieb-Beziehung die Rede.

Business-to-Consumer (B2C oder BtC): Hier geht es um Kommunikations- und Handelsbeziehungen zwischen Unternehmen und Privatpersonen (Konsumenten), im Gegensatz zu Kommunikationsbeziehungen zu anderen Unternehmen oder Behörden.

Callcenter: Als Callcenter wird ein Unternehmen (oder eine Organisationseinheit) bezeichnet, in dem Marktkontakte telefonisch aktiv *(outbound)* oder passiv *(inbound)* hergestellt werden. Das Callcenter wird sowohl für Serviceangebote als auch für den Telefonverkauf (Direktmarketing) genutzt.

Chats: Das Wort leitet sich von engl. *to chat*: „plaudern, unterhalten" ab und bezeichnet elektronische Kommunikation zwischen Personen in Echtzeit, meist über das Internet.

Complaint-Ownership-Prinzip: Dieses Prinzip besagt, dass derjenige für die Erfassung und Bearbeitung einer Beschwerde verantwortlich ist, dem gegenüber sie zuerst artikuliert wurde. Ihm „gehört" das Problem.

Computer Telephony Integration (CTI): Hier geht es um die Verknüpfung von Telekommunikation mit elektronischer Datenverarbeitung. Die CTI ermöglicht aus Computerprogrammen heraus den automatischen Aufbau, die Annahme und Beendigung von Telefongesprächen, den Aufbau von Telefonkonferenzen, das Senden und Empfangen von Faxnachrichten, Telefonbuchdienste sowie die Weitervermittlung von Gesprächen.

CRM-Software: Das primäre Ziel dieser Software ist es, Unternehmen bei der Umsetzung von mehr Kundenorientierung und Kunden-Beziehungs-Management zu unterstützen. Weitere Ziele von CRM-Software sind demzufolge: Identifizierung der (potenziellen) Kunden, Sichern und Ausbauen der Bestandskunden sowie Definition und stetiger Ausbau des Kundenwerts. CRM-Software integriert dazu Anwendungen und Funktionen aus Vertrieb, Marketing,

Callcenter und Service, damit alle Mitarbeiter im Idealfall mit einer unternehmensweit identischen Kundendatenbasis arbeiten.

Cross-Buying: Zusatzkäufe, die ein Kunde bei einem Anbieter tätigt. Wenn der Kunde mit einem Produkt oder einer Dienstleistung eines Unternehmens zufrieden ist, wird er es in Erwägung ziehen, weitere Produkte aus dem Leistungsprogramm der Firma zu erwerben.

Cross-Selling: Auch „Überkreuzverkauf" genannt. Dieser Begriff bezeichnet im Marketing den Verkauf ergänzender Produkte oder Dienstleistungen. Es handelt sich letztendlich um die Fähigkeit eines Verkäufers, eine „Verbindung" zwischen dem verkauften Produkt und weiteren Produkten des Unternehmens herzustellen (vgl. Upselling).

Customer-Relation-Management (CRM): Management der Kundenbeziehung. Alle Informationen über den Kunden, vom Angebot bis zur Installation und Rechnungsstellung, Schlüsselpersonen etc. werden firmenweit zusammengeführt. Hier geht es vor allem darum, Daten über Kunden zu sammeln, systematisch abzulegen und im Prozess der Kundenpflege zu nutzen.

Customer-Satisfaction-Index (CSI): Auch „Kundenzufriedenheitsindex" genannt. Ein aufwendiges und aussagekräftiges Analyseinstrument, um die Entwicklung der Kundenzufriedenheit zu untersuchen. Zur Ermittlung des CSI wird die Zufriedenheit der Kunden mit einzelnen Faktoren (als Differenz der Leistungsanforderungen und wahrgenommenen Leistung) sowie die Bedeutung dieser Zufriedenheitsbereiche erfragt.

E-Mail-Response-Management-System (ERMS): Solche Systeme analysieren per E-Mail eingehende Serviceanfragen, filtern und kategorisieren diese und leiten sie inklusive eines Lösungsvorschlags an den zuständigen Servicemitarbeiter weiter.

Emotionale Intelligenz (EQ): Die emotionale Intelligenz oder emotionale Kompetenz ist die Fähigkeit, mit eigenen und fremden Gefühlen umzugehen, sie im konkreten Kontext richtig zu bewerten und so Konflikte und Stress zu vermeiden. Dieses aktive Vermögen bildet das Pendant zur rationalen Intelligenz (IQ).

Empathie: Fähigkeit des Einfühlens, Einfühlungsvermögen. Dies ist nicht zu verwechseln mit einem zustimmenden Verständnis, mit dem die Mitarbeiter auf die vom Kunden geschilderte Situation eingehen können.

Enterprise Resource Planning (ERP): Auf Deutsch in etwa „Planung des Einsatzes/der Verwendung der Unternehmensressourcen". Der Terminus bezeichnet die unternehmerische Aufgabe, die in einem Unternehmen vorhandenen Ressourcen (Kapital, Betriebsmittel oder Personal) möglichst effizient für den betrieblichen Ablauf einzuplanen. Der ERP-Prozess wird in Unternehmen heute häufig durch entsprechende ERP-Software unterstützt.

Forum/Foren: Bedeutet wörtlich „Marktplatz" oder „Versammlungsort". Gemeint ist ein realer oder virtueller Ort, wo Meinungen ausgetauscht und Fragen gestellt und beantwortet werden können.

Frustrationstoleranz: Individuelle Fähigkeit, Enttäuschungen zu kompensieren oder Bedürfnisse aufzuschieben, ohne dabei in Aggression oder Depression zu verfallen.

Kontinuierlicher Verbesserungsprozess (KVP): KVP ist ein Grundprinzip im Qualitätsmanagement und unverzichtbarer Bestandteil der ISO 9001. Im Vordergrund stehen dabei Kundenorientierung und Produktqualität. Wie der Name schon sagt, geht es um eine stetige Verbesserung der Produkt-, Prozess- und Servicequalität. Dies geschieht in kleinen Schritten (im Gegensatz zu sprunghaften einschneidenden Veränderungen).

Kunde: Jeder Mensch, der Interesse an den Produkten oder Dienstleistungen eines Unternehmens beziehungsweise an deren Nutzung hat.

Kundencoach: Den Kundencoach gibt es sowohl im Beschwerdemanagement als auch als zusätzliche Funktion in der Beratung (Pre- und Postsales-Phase). Er ist der verantwortliche Ansprechpartner bei Beschwerden und kümmert sich um ihre Bearbeitung.

Kundenmobbing: Ignorieren und Vernachlässigen der Kundenbeschwerden – bis zum Verärgern und Vertreiben der Kunden.

Kundenmonitor Deutschland: Branchenübergreifende Benchmarking-Studie zur Kundenorientierung. Zentrale Untersuchungsgegenstände sind die Kundenzufriedenheit und die Kundenbeziehung sowie deren Zusammenhang.

Kundenorientierung: Hier geht es um die Hinwendung und Ausrichtung eines Unternehmens zum Kunden. Eine fehlende Orientierung an den Kundenwünschen kann den Umsatz mindern. Die Ursachen einer mangelnden Kundenorientierung liegen häufig in der Kultur, der Struktur oder den Prozessen eines Unternehmens.

Kundenpflege: Interaktion eines Unternehmens mit neuen oder Bestandskunden. Dabei geht es um Kontaktpflege, Kommunikation, Beratung, persönliches Auftreten oder den Umgang mit Beschwerden. Ziel der Kundenpflege ist es, Kunden zu binden, zu Stamm- und Empfehlungskunden zu machen oder zurückzugewinnen.

Kundenservice: Alle Maßnahmen zur Befriedigung von Kundenwünschen, die über die Hauptleistung hinausgehen. Ein spezifischer Kundenservice kann vor oder nach dem Kauf angeboten werden.

Kundenzufriedenheit: Kundenzufriedenheit liegt dann vor, wenn der Kunde sowohl seine selbstverständlichen Erwartungen wie auch seine ausdrücklich geäußerten Wünsche als erfüllt betrachtet.

Metamodell: Von Bandler und Grinder entwickeltes Modell der Sprache, das es erlaubt, Aussagen auf darüberliegende Denkmuster und Einstellungen (Metaebene) zu hinterfragen.

Multichannelling: Moderne Serviceorganisation, die der Kunde auf mehreren Kommunikationskanälen erreichen kann: über Telefon, Brief, Fax, E-Mail oder Internet.

Multitasking: Multitasking bedeutet, dass man sich nicht nur mit einem Thema oder einer Tätigkeit beschäftigt, sondern gleichzeitig mehrere Aufgaben mehr oder weniger intensiv bearbeitet. Der Begriff stammt aus der Computerwelt und bezeichnet die Fähigkeit eines Betriebssystems, mehrere Aufgaben (tasks) nebenläufig auszuführen. Dabei werden die verschiedenen Prozesse in so kurzen Abständen immer abwechselnd aktiviert, dass der Eindruck der Gleichzeitigkeit entsteht.

Neurolinguistisches Programmieren (NLP): Psychologisches Konzept für Kommunikation und Veränderung, das heute ganz besonders von den Menschen nachgefragt und genutzt wird, die beruflich mit Kommunikation zu tun haben.

Postsales: Aktivitäten in der Phase nach dem Verkauf eines Produkts oder einer Dienstleistung an den Kunden (vgl. Presales).

Presales: Alle Tätigkeiten und Aufgaben, die vor der eigentlichen Verkaufsphase liegen.

Prosument: Der Begriff „Prosumer" (auch „Prosument") wurde 1980 von Alvin Toffler in dem Buch The third Wave eingeführt. Er bezeichnet Personen, die gleichzeitig „Verbraucher" (engl.: *consumer*) und „Hersteller" (engl.: *producer*) des von ihnen Verwendeten sind.

Reaktionsfähigkeit: An der Reaktionsfähigkeit des Kundencoach zeigt sich, ob er die Wünsche seines Kunden verstanden hat und wie kompetent und schnell er darauf eingehen kann – etwa mit Lösungsvorschlägen.

Reklamation: „Teilmenge von Beschwerden, in denen Kunden in der Nachkaufphase Beanstandungen an Produkt oder Dienstleistung explizit oder implizit mit einer rechtlichen Forderung verbinden, die gegebenenfalls juristisch durchgesetzt werden kann" (Stauss; Seidel, 2002, 47).

Return on Investment (ROI): Deutsch: Kapitalrendite. Misst die Rendite des eingesetzten Kapitals.

Schwarmintelligenz: Auch „Weisheit der Vielen" genannt. Die Schwarmintelligenz ist ein Forschungsfeld der Künstlichen-Intelligenz-Forschung. Es geht darum, komplexe vernetzte Softwareagentensysteme nach dem Vorbild staatenbildender Insekten wie Ameisen, Bienen und Termiten zu modellieren.

Self-Service-Portal: Für den Kunden rund um die Uhr bequem zu erreichendes „Kundenportal" im Internet. Er kann dort Fragen stellen, Service anfordern und den Status von aktuellen oder früheren Serviceanfragen einsehen.

Soziale Kompetenz: Komplex all der persönlichen Fähigkeiten und Einstellungen, die dazu beitragen, das eigene Verhalten von einer individuellen auf eine gemeinschaftliche Handlungsorientierung hin auszurichten. Sozial kompetentes Verhalten verknüpft die individuellen Handlungsziele von Personen mit den Einstellungen und Werten einer Gruppe.

Supply-Chain-Management (SCM): SCM zielt auf eine langfristige (strategische), mittelfristige (taktische) und kurzfristige (operative) Verbesserung der Effektivität industrieller Wertschöpfungsketten. Es dient mit der Informations- und Kommunikationsunterstützung der Integration aller Unternehmensaktivitäten, von der Rohstoffbeschaffung bis zum Verkauf an den Endkunden, in einen nahtlosen Prozess. Alternativ werden auch die Begriffe „Versorgungskettenmanagement" und „Lieferkettenmanagement" verwendet.

Total-Quality-Management (TQM): Bisweilen auch als „umfassendes Qualitätsmanagement" bezeichnet. Gemeint ist die durchgängige, fortwährende und alle Bereiche einer Organisation (Unternehmen, Institution etc.) erfassende aufzeichnende, sichtende, organisierende und kontrollierende Tätigkeit, die dazu dient, Qualität als Systemziel einzuführen und dauerhaft zu garantieren. TQM benötigt die volle Unterstützung aller Mitarbeiter, wenn es erfolgreich sein soll.

Unternehmenskultur: Auch als „Organisationskultur" bezeichnet. Der Begriff stammt aus der betriebswirtschaftlichen Organisationstheorie und beschreibt die Entstehung, Entwicklung und den Einfluss kultureller Aspekte innerhalb von Organisationen. Die jeweilige Unternehmenskultur wirkt auf alle Bereiche des Managements ein (Entscheidungsfindung, Beziehungen zu Kollegen, Kunden und Lieferanten, Kommunikation usw.). Jede Aktivität in einer Organisation ist durch ihre Kultur gefärbt und beeinflusst. Das Verständnis der Organisationskultur erlaubt es den Mitarbeitern, ihre Ziele besser verwirklichen zu können, und den Außenstehenden, die Organisation besser zu verstehen.

Upselling: Im Verkauf das Bestreben des Anbieters, dem Kunden statt einer günstigen Variante im nächsten Schritt ein höherwertiges Produkt oder eine noch bessere Dienstleistung anzubieten. Dazu sollen dem Kunden durch plausible Argumente und insbesondere durch Produktvorführungen die Vorzüge der höheren Produkt- oder Dienstleistungskategorie nahegelegt werden.

Lösungsvorschläge zu den Übungen

Lösungsvorschlag zu Übung 6:
„Ich kann Sie gut verstehen, da bekommt man ein ziemlich mulmiges Gefühl, wenn man dieses Vibrieren spürt. Gut, dass Sie gleich zu uns gekommen sind; jetzt schauen wir mal, was da los ist. Damit Sie wieder sicher unterwegs sind."

Lösungsvorschlag zu Übung 10:
7, 1, 10, 2, 8, 3, 9, 6, 5, 4, 3, 7, 1

Lösungsvorschlag zu Übung 14:
„Sie haben wohl vorher nicht gemessen." (Vermutung)
„Das ist eben ein High-End-Gerät." (Betonung)
„Das ist doch nicht schwer." (Vorwurf)
„Da haben Sie aber auch ein Problem!"(Betonung)
„Ich habe eigentlich nur wissen wollen, ob …" (Rechtfertigung)
„Der PC ist ja mehr als drei Jahre alt." (Betonung)
„Das ist nämlich unser bester Techniker." (Erklärung)
„Erzählen Sie ruhig weiter, ich höre Ihnen zu." (Je nach Kontext und Betonung: Ironie oder Ermutigung)

Stichwortverzeichnis

3-I-Struktur 56

Abschluss 48, 62, 103, 148
Aggression 49, 167
Akquisition 14, 146
Aktiv zuhören 34, 50, 116
Akzeptanzbarrieren 143
Alleinstellungsmerkmal 8, 26
Amtsdeutsch 74
Analyse 34, 99
Analyseergebnisse 132
Anforderungen 95
Angebot 28, 43, 60, 92, 103, 120, 123, 142, 166, 180 f.
Angst 33, 39, 53, 90, 143
Anregungen 22, 52, 124, 130
Antwortmuster 124
Arbeitsabläufe 143
Ärger(nis) 9, 27 ff., 35, 48 ff., 82, 90 ff., 102, 118 ff., 135, 146
Argumentationsmethoden 18, 152
Arroganz 100
Aufmerksamkeit 23, 28, 50 ff., 90, 108, 122, 142, 154

Balance 7, 83
Bedanken 21, 62, 103, 109, 116
Bedürfnisse 15 f., 31, 42 f., 50, 146, 167
Befindlichkeit 34
Begrüßung 48
beidohrig 34, 50

Belastung 42
Beschwerde(n) 9 ff.
-analyse 141, 146, 152, 164
annehmen/-annahme 22, 134 f.
auswerten/-auswertung 17, 22, 140 ff. 152 f.
bearbeiten/-bearbeitung 16, 21, 90, 130, 132, 136, 138, 140 f., 154
-bereitschaft 21
-controlling 17, 153
definieren/-definition 16, 22
dokumentieren/-dokumentation 17, 134, 139, 140, 141
-E-Mail 13, 91, 108, 112, 120, 124 ff., 130, 138, 144 ff.
erfassen/-erfassung 16, 22, 134 ff., 165,
erheben/-erhebung 16, 22, 134, 139
-führer 53, 55, 122, 127, 136, 147
-gespräch 7, 29, 47, 60, 68, 70, 79, 83, 103, 111, 118, 139, 146
-kanal 108, 153
klassifizieren/-klassifizierung 16, 22
minimieren 22, 141
-nachbereitung 17, 112, 146, 148
-objekt 136
optimieren/-optimierung

173

17, 141, 143
-problem 136
-reaktion 17, 136
-seite 130
stimulieren/-stimulierung 16, 22, 134
-wirkung 21
Besserwisser 100, 101
Best Practice Award 10
Betriebsklima 42
Beziehungsebene 31, 32, 49
Blauer Knopf 106 f.
Blickkontakt 51, 56, 65, 109 f.
Blog 16, 126 ff., 164
Brief 118 ff., 138, 144
Brücken bauen 66
Buchbinder Wanninger 27, 164
Business-to-Business (B2B) 164
Business-to-Consumer (B2C) 10, 165

Callcenter 10, 29, 41 ff., 84, 165
Chat 16, 129, 165
Chatroom 129
Communities 129
Complaint-Ownership-Prinzip 135, 165
Computerstimmen 9
Computer Telephony Integration (CTI) 143, 165
Controlling 17, 153
CRM-Software 12, 165
Cross-Buying 16, 166
Cross-Selling 118, 166

Demografischer Wandel 7
Drohung 37, 93, 97, 99, 116, 119

Einfühlen 34, 167
Einkaufsberater 129
Einstellung(en) 27 f., 38, 39, 44, 168, 170
Einverständnis 34, 56
rationales 34
emotionales 34
Einwand/Einwände 69, 83 ff., 89, 147
Einwandbehandlung 18, 85 ff., 152
Einwandbehandlungstechniken 85 ff.
Eisbergmodell 32, 49
E-Mail 124 ff., 138, 145
E-Mail-Response-Management-System (ERMS) 134, 145 f., 166
Emotionale Intelligenz (EQ) 31 f., 166
Emotionen 32 f., 36, 82 f., 91, 103
Empathie 31, 34, 52 f., 152, 167
Empfänger 121, 125 f., 144
Enttäuschungen 35, 49, 52, 75, 91, 118, 167
Enterprise Resource Planning (ERP) 167
Entscheidungskompetenz 19, 76, 152
Entscheidungskriterien 36
Entspannung der Situation 48, 49
Erfolgsfaktoren 21, 108, 110, 141, 145
Erfolgsstory 7
Erpressung 33
Erstbeschwerde 136
Erstkontakt 10, 145

Erwartung(en) 12, 23, 57, 61, 82, 137, 168
Eskalation 37, 38, 143
Eskalationsstufen 37
Extremforderungen 83, 93, 97, 99

Fallbeispiel 47, 71, 73, 77, 92, 98
Feedback 29
Fehlerkategorien 79 f.
Forderungen 14, 56, 57, 82, 88, 90, 92–99, 104, 169
Formulierungsbeispiele 62, 84–88, 114 ff., 120–124
Frageformen 54
   Abschlussfrage 61
   Alternativfrage 54
   Gegenfrage 54
   Geschlossene Frage 54, 103
   Kettenfrage 55
   Klärungsfrage 70, 84
   Metamodellfrage 63, 68, 84
   Offene Frage 54, 55, 76
   Rhetorische Frage 54
   Rückversicherungsfrage 55
   Suggestivfrage 54
   Zauberfrage 105
   Zusatzfrage 62, 118
Frageprofi 54
Frühwarnsystem 49
Frustrationstoleranz 11, 49, 167

Gefühl(e) 26, 29, 31 f., 43, 48 f., 51 f., 58 f., 64, 69, 94, 99 ff., 103 ff., 142, 157
Gesprächseröffnung 48, 115
Gesprächsführungstechniken 146 ff.
Gesprächsleitfaden 115
Gestik 66, 102
Gewinner 39 f.
Glaubwürdigkeit 25
Grenzen ziehen 103
Grundkonstitution 31

Handlungskompetenz 18
Harvard-Verhandlungskonzept 36

Innere Distanz 66
Innovationsmanagement 20, 22
Instrumente 15, 17, 146, 148, 152
Internet 16, 108, 126 f., 129 f., 134, 138, 143, 145, 164 f., 169 f.
Ist-Zustand 56, 139

Klärung der Sachlage/des Sachverhalts 48, 53, 55 f., 57, 63, 123
Kommunikationsfehler 68
Kommunikationskanäle 25, 134, 143, 153, 168
Kommunikationsmanagement 16, 143
Kommunikationsmittel 110, 124
Kommunikationsproblem 160
Kommunikationstechniken 63 ff.
Kompetenz(en) 8, 25, 29, 91, 93, 95, 101, 143, 145, 166, 170

Kompromiss 39, 40, 94, 96–98, 148,
Konflikt(e) 35 ff., 93
Konfliktcoaching 143
Konfliktdynamik 37
Konfliktfähigkeit 18, 31, 35, 143, 152
Konfliktindikatoren 37 f.
Konfliktlösung 7, 37, 40
Konfliktparteien 37, 39 f.
Konfliktvermeidung 38, 40, 155 f.
Konstruktive Atmosphäre 48
Kontinuierlicher Verbesserungsprozess (KVP) 167
Kooperation 40, 156
Körperhaltung 51
Körpersprache 50, 64, 99, 109 f.
Kostenfaktor 11
Kostenreduzierung 19
Kreativität 18, 152
Kunde(n) 7 ff., 20, 23
   als Meinungsbildner 94, 96
   -bedürfnisse 15 f., 42, 146
   -befragung 22, 140
   -berater 7
   -betreuungssystem 112
   -beziehungsmanagement 10, 12, 133
   -bindung 12, 15, 17, 21 f., 24, 40, 132, 141,
   -bindungsinstrument 17
   -bindungsprogramm 21
   -coach 17 ff., 43, 44, 46, 47, 52, 54, 57, 61, 66, 82, 84 f., 97, 100, 103 ff., 116, 118, 124, 130, 134 f., 137 ff., 143, 145 ff., 167, 169,
   -erwartung 12, 23, 135
   -kleber 7, 9 f.
   -mobbing 9, 168
   -monitor Deutschland 11, 168
   -nutzen 19
   -orientierung 7, 10 f., 24, 90, 133, 164 f., 167 f.
   -pflege 110, 166, 168
   -service 9, 11, 132, 153, 168
   -typen 7, 83, 99 f., 103
   -umfragen 7, 134
   -zufriedenheit 12, 14–16, 20 f., 98, 132 f., 140, 166, 168

Lob 101, 108, 117
Lösungsakzeptanz 34
Lösungsangebot 54

Manager 7, 17, 128
Marketingstrategie 11
Marktanalyse 22
Medium 8, 109, 126
Mehrkäufe 15 f.
Meinungsforen 129
Menschlichkeit 35
Metamodell 63, 68, 70, 84, 168
Metamodellfragen
   → Frageformen
Mimik 66
Minderung 58, 62, 92 f.
Missverständnisse 110
Multichanelling 169
Multiplikator 12 f., 94, 96, 119
Multitasking 112, 169
Mundpropaganda 130

Stichwortverzeichnis

Nachbesserung 58, 91
Nachfragen 50
Nachkaufphase 14, 169
Negative Gefühle 104
Neuabschluss 132
Neukundenakquisition 146
Neurolinguistisches Programmieren (NLP) 63 ff., 169
Nörgler 27, 95 f., 100, 102,
Notbremse 104 f.
Notizen 51, 55 f., 71, 74, 103, 109, 144

Optimierung des Beschwerdemanagements 134, 141
Organisation des Beschwerdemanagements 111

Pacing 64–67
  körpersprachliches 65
  sprachliches 67
  stimmliches 66
Perspektivwechsel 85
Postsales 167, 169
Preisnachlass/Preisnachlässe 7, 58, 83, 90 f., 93
Presales 169
Problemlösungskompetenz 18, 152
Produktverbesserungen 10
Prosument 23, 169

Qualifikation(en) 19 f., 142 f., 145
Qualifizierungsplan 145
Qualitätsmanagement 15, 20 f., 132, 140, 167, 170
Querulant 100–102

Rahmenbedingungen 42
Rapport 63–66
Rationalität 31 f.
Reaktionsfähigkeit 50, 169
Reduzierung 9, 69
Referenzen 85, 87
Reframing 85, 87
Reklamation 14, 22, 48, 57, 71, 82, 84, 94, 118, 120, 169
Return on Investment (ROI) 170
Ritualisierter Ablauf 82
Roter Knopf 106 f.
Routing 42, 111
Rückruf 15 f., 111, 144
Rückgewinnung 15 f.

Sabotage 37
Sachebene 32 f., 49
Schuld 9, 71, 79, 91, 98
Schwachstellen 26, 98, 124, 141
Schwarmintelligenz 141, 170
Schwierige Situationen 82 ff., 100
Sekundenkleber 7
Selbstentwicklung 44, 45
Selbstmotivation 44, 45
Selbstvertrauen 43–45
Selbstwertgefühl 43
Self-Service-Portal 134, 145, 170
Serviceniveau 11
Serviceproblem 11
Sinneskanäle 67
Soziale Kompetenz 170
Spiegeln 10, 64–67
Stressabbau 20, 43, 145
Stressbewältigung 7, 41
Stresspotenzial 42

177

Stressresistenz 31
Stufen des Beschwerdegesprächs 47 ff.

Telefon 13, 108–122, 135, 138, 144,
Textbaustein 119, 124
Tilgung 69
Total-Quality-Management (TQM) 15, 170
Training 19, 56, 68, 97 f., 114
Transparenz 130
Trouble-Ticket-System 125

Überlastung 20
Übertriebene Ansprüche 57, 93 ff.
Umtausch 57, 76, 94
Unberechenbarkeit 35
Ungeduld 33, 52, 75
Unique Selling Proposition (USP) 26
Unternehmenskultur 133, 141, 143, 171
Unternehmensprozesse 15 f.
Unzufriedenheit 14, 92, 119, 133 f., 164
Upselling 166, 171

Verallgemeinerung 69 f.
Verantwortlichkeit(en) 16, 20, 135
Verbesserungsvorschlag 124
Vereinbarung 18, 44, 112, 120, 129, 152
Vergleich(e) 32, 84 f., 88
Verhaltensregeln 135
Verhaltensweisen 40, 63, 87, 99
Verlierer 38–40, 157
Versprechen 9, 130
Verstand 31–33, 52
Verständnis 14, 34, 48, 52, 96, 98, 103, 114 f., 117, 126, 147, 167, 171
Vertrauen 25, 28, 34, 44 f., 58, 63 f., 80
Verzerrung 69 f.
Vielredner 100, 103
Virtuelle Plattform 130
Vorauseilender Gehorsam 90

Wahlmöglichkeiten 39, 54, 69
Wahrheit 10
Wahrnehmung 50, 53, 64, 67
Wahrnehmungskanäle 67
Wandlung 58
Warteschleife(n) 9, 29, 146
Wartezeiten 25
Weblog s. Blog
Weisheit der Vielen 141, 170
Weiterempfehlungen 11
Weiterqualifizierung 143
Weiterverbinden 9, 111
Wertschätzung 25, 34, 64, 104, 147
Wettbewerb(er) 8, 23, 154
Wettbewerbsfähigkeit 15, 20 f.
Wettbewerbsvorteile 10
Wiederholungskäufe 15 f.
Win-win-Situation 62, 143
Wortwahl 110, 114

Zuhören 33 f., 50 f., 56, 73, 101–103, 115 f.
Zusammenfassen 50, 116, 124
Zuständigkeit 48, 138
Zuwendung 20, 84

Über die Autoren

Bernhard Haas (Dipl.-Ing.) und **Bettina von Troschke** (M.A.) sind Geschäftsführer der HOT-Akademie für Führungskräfte GbR. Beide waren lange Zeit erfolgreich in multinationalen Unternehmen im Vertrieb und Management tätig. Seit 15 Jahren arbeiten sie als Trainer und Berater mit den Schwerpunkten Beschwerdemanagement, Vertriebscoaching, Führung, Gestaltung von Veränderungsprozessen und Individual-Coaching.

Zahlreiche Veröffentlichungen in Fachzeitschriften über Führung, Verkauf, Personalentwicklung und Coaching.

Die HOT-Akademie für Führungskräfte GbR ist seit 1995 eine der führenden Unternehmensberatungen im Bereich Beratung, Training und Coaching.

Dahinter steht ein Team von 16 praxiserfahrenen und interdisziplinär ausgebildeten Beratern. Die HOT-Kunden schätzen die Ziel- und Praxisorientierung sowie wertvolle Impulse durch den Blick von außen. Sie erhalten professionelle und wirkungsvolle Unterstützung bei ihren „Stufen zum Erfolg".

Die Schwerpunktthemen der HOT-Akademie sind:
- Führung
- Vertrieb
- Beschwerdemanagement
- Service
- Teamentwicklung
- Organisationsentwicklung (Change-Management)

STUFEN ZUM ERFOLG

Eine Zusammenarbeit mit HOT bringt Ihr Business auf ein höheres Niveau.

 **Business-Bücher für Erfolg und Karriere**

Erfolgreiche Teamarbeit
220 Seiten
ISBN 978-3-89749-585-2

Wenn die anderen das Problem sind
218 Seiten
ISBN 978-3-89749-586-9

Methodenkoffer Führung und Zusammenarbeit
350 Seiten
ISBN 978-3-89749-587-6

Methodenkoffer Persönlichkeitsentwicklung
350 Seiten
ISBN 978-3-89749-672-9

Das Leuchtturm-Prinzip
184 Seiten
ISBN 978-3-89749-627-9

Der Omega-Faulpelz
144 Seiten
ISBN 978-3-89749-628-6

Projektmanagement
208 Seiten
ISBN 978-3-89749-629-3

Soft Skills für Young Professionals
648 Seiten
ISBN 978-3-89749-630-9

Vertrauen und Führung
160 Seiten
ISBN 978-3-89749-670-5

5 coole Ideen
140 Seiten
ISBN 978-3-89749-671-2

Small Talk von A bis Z
160 Seiten
ISBN 978-3-89749-673-6

Toolbox Business-Kommunikation
140 Seiten
ISBN 978-3-89749-674-3

Informationen über weitere Titel unseres Verlagsprogrammes erhalten Sie in Ihrer Buchhandlung, unter **info@gabal-verlag.de** oder **www.gabal-shop.de**.

 **Bestseller von Stephen R. Covey und Sean Covey**

Bücher

Stephen R. Covey
Die 7 Wege zur Effektivität
368 Seiten
ISBN 978-3-89749-573-9

Stephen R. Covey
Der 8. Weg
432 Seiten
ISBN 978-3-89749-574-6

Sean Covey
Die 7 Wege zur Effektivität für Jugendliche
352 Seiten
ISBN 978-3-89749-663-7

Stephen R. Covey
Die 7 Wege zur Effektivität für Familien
ca. 400 Seiten
ISBN 978-3-89749-728-3

Hörbücher

Kartenset

Stephen R. Covey
Der 8. Weg
12 CDs,
Laufzeit ca. 840 Minuten
Box, ungekürzt
ISBN 978-3-89749-688-0

Stephen R. Covey
Die 7 Wege zur Effektivität
10 CDs,
Laufzeit ca. 690 Minuten
Box, ungekürzt
ISBN 978-3-89749-624-8

Stephen R. Covey
Die 7 Wege zur Effektivität
Kartendeck mit 50 Karten
ISBN 978-3-89749-662-0

Viele Managementmoden und -trends kommen und gehen – Coveys Prinzipien sind durch ihre Klarheit, Einfachheit und Universalität aktueller denn je.

Informationen über weitere Titel unseres Verlagsprogrammes erhalten Sie in Ihrer Buchhandlung, unter **info@gabal-verlag.de** oder **www.gabal-shop.de**.

 **Bücher für Management**

Verkäufer Coaching
190 Seiten, gebunden
ISBN 978-3-89749-570-8

Strategischer Verkauf
192 Seiten, gebunden
ISBN 978-3-89749-650-7

Unternehmensführerschein
256 Seiten, gebunden
ISBN 978-3-89749-575-3

Die Umsatz-Maschine
240 Seiten, gebunden
ISBN 978-3-89749-631-6

FOODSPORT®
272 Seiten, gebunden
ISBN 978-3-89749-633-0

Erfolgreich als Sachbuchautor
336 Seiten, gebunden
ISBN 978-3-89749-632-3

Value of Investment
157 Seiten, gebunden
ISBN 978-3-89749-634-7

Die heiligen Kühe und die Wölfe des Wandels
400 Seiten, gebunden
ISBN 978-3-89749-666-8

Das 21. Jahrhundert ist weiblich
270 Seiten, gebunden
ISBN 978-3-89749-667-5

TQS – Total Quality Selling
250 Seiten, gebunden
ISBN 978-3-89749-668-2

Die fünf ZukunftsBrillen
250 Seiten, gebunden
ISBN 978-3-89749-669-9

Was Führungskräfte und Mitarbeiter vom Spitzensport lernen können
192 Seiten, gebunden
ISBN 978-3-89749-653-8

Informationen über weitere Titel unseres Verlagsprogrammes erhalten Sie in Ihrer Buchhandlung, unter **info@gabal-verlag.de** oder **www.gabal-shop.de**.

 **Günter, der innere Schweinehund**

Günter, der innere
Schweinehund
224 Seiten
ISBN 978-3-89749-457-2

Günter, der innere
Schweinehund, für Schüler
232 Seiten
Lesealter: ab ca. 10 Jahren
ISBN 978-3-89749-583-8

Günter, der innere Schweinehund, wird Nichtraucher
216 Seiten
ISBN 978-3-89749-625-5

Günter, der innere
Schweinehund, wird schlank
216 Seiten
ISBN 978-3-89749-584-5

Günter lernt verkaufen
216 Seiten
ISBN 978-3-89749-501-2

Günter, der innere
Schweinehund, lernt flirten
200 Seiten
ISBN 978-3-89749-665-1

Informationen über weitere Titel unseres Verlagsprogrammes
erhalten Sie in Ihrer Buchhandlung, unter **info@gabal-verlag.de**
oder **www.gabal-shop.de.**